Geesten met of zonder lichaam

drs. Titus Rivas

Geesten met of zonder lichaam:
pleidooi voor een personalistisch dualisme

Titus Rivas

Lulu.com

'Het dualisme is een rotspunt geworden om je tegenstander vanaf te duwen,' zei Daniel Dennett. Als je kunt aantonen dat de opvattingen van je opponent tot dualisme leiden, is hij of zij verloren. Gert-Jan C. Lokhorst, *Het mysterie van de ziel*.

Ik geloof dat het dualisme na de volgende wetenschappelijke revolutie zijn dominante positie zal herwinnen. Ian Stevenson, *Children Who Remember Previous Lives*.

Niets van wat we weten over wat het inhoudt om fysiek te zijn lijkt ons ertoe te moeten brengen om wat we over het geestelijke lijken te weten en onze overtuiging dat de ziel het substantiële subject van ons geestelijk leven is ter discussie te stellen. Stewart Goetz en Charles Taliaferro. *A Brief History of the Soul*.

Ter nagedachtenis aan Bernhard Bolzano (1781-1848)

ISBN 978-1-4477-5937-9

Inhoudsopgave

Voorwoord

Verontrustend genoeg zijn er tegenwoordig nog steeds bijzonder veel mensen die een redelijk, rationeel wereldbeeld gelijk stellen aan materialisme. Dat uit zich op twee manieren: alleen voor materialistische theorieën zou gelden dat ze rationeel kunnen zijn en alle niet-materialistische theorieën zouden automatisch irrationeel zijn. Materialisten hebben zich zo grotendeels de rationele filosofie en wetenschap toegeëigend. Materialistische projecten zouden daarom de exclusieve aandacht van intellectuelen verdienen, of het nu de zijnsleer, de psychologie of de neurologie betreft. De mogelijkheid dat het materialisme *juist om rationele redenen* zelf niet deugt, wordt door velen nauwelijks serieus genomen.

Het is een bizar gegeven dat deze status quo voor een belangrijk deel het gevolg vormt van een van de rails geraakt programma van René Descartes. Hij stelde namelijk dat alle dieren (anders dan mensen) onbezielde machines zijn zonder bewustzijn of gevoel. Dit cartesiaanse beeld van dieren werd door moderne filosofen als La Mettrie maar ook door de hedendaagse denker Dennett eveneens op mensen toegepast. Nu is het op zich nog niet zo vreemd dat denkers op een dergelijk cruciaal punt de mist in zijn gegaan, maar toch wel dat hun voorbeeld door zoveel mensen bijna kritiekloos wordt gevolgd. Veel zogeheten 'rationalisten' beschouwen het materialistische beeld van mens en dier tegenwoordig namelijk als een onmisbaar onderdeel van de standaard intellectuele bagage.

Niet alleen draagt het materialistische wereldbeeld ten onrechte de titel 'rationeel', velen hebben zich juist om die reden van de rationalistische methode afgewend. Ze wijzen de rede (het redelijk denken) af als geschiktste methode om tot deugdelijke inzichten over de werkelijkheid te komen, omdat ze met de materialisten van mening zijn dat rationaliteit tot een materialistisch wereldbeeld zou leiden. Er is volgens deze anti-rationalisten geen sprake van een denkfout in het ontologische materialisme, maar van een vervreemding van intuïties die de rede tegenspreken.

Er is echter nog een andere stroming die tegen het materialisme ingaat. Dit is de stroming van het hedendaagse neo-cartesiaanse dualisme dat net als Descartes staande houdt dat de mens geen geheel en al materiële machine is. De mens beschikt over een bewustzijn, over subjectieve gedachten en gevoelens die bij voorbaat op geen enkele manier te beschrijven zijn in materialistische terminologie. Deze nieuwe of hernieuwde dualistische stroming maakt er, net als het materialisme, aanspraak op *bij het rationalisme* te horen.

In dit werkje kijken we zowel naar de filosofische argumenten die men als rationalist kan leveren voor een niet-materialistisch wereldbeeld, als naar de ruimere consequenties daarvan.

Overigens ben ik over het algemeen een voorstander van het poneren van duidelijke stellingen. Stelligheid is volgens mij zelfs een voorwaarde voor een rationeel debat. Het doen van al te voorzichtige en onnodig onzekere uitspraken leidt namelijk al gauw tot een soort immuniteit voor redelijke kritiek en blokkeert zo de intellectuele vooruitgang. Aldus moet men in de filosofie twee uitersten vermijden wat dit betreft: de Scylla van de dogmatiek (het soort stelligheid dat zich niet laat corrigeren door argumentatie) en de Charybdis van de vaagheid. De ideale filosofische stijl kenmerkt zich volgens mij door stelligheid gekoppeld aan corrigeerbaarheid, dat wil zeggen: aan het openstaan voor redelijke argumenten en aan een besef van de persoonlijke feilbaarheid van de filosoof.

Aan het eind van deze verhandeling heb ik overigens een verklarende filosofische woordenlijst opgenomen voor het geval de lezer bepaalde termen niet direct kan plaatsen.

In de Appendix heb ik een recent artikel geschreven voor *Prana* opgenomen dat aansluit bij de hoofdtekst.

Deze versie van *Geesten met of zonder lichaam* is daarbij al weer de derde druk van mijn verhandeling. De tekst is op enkele punten licht gewijzigd.

De kaft toont een fragment van een Romeins mozaïek uit Antiochië (het huidige Turkse Antakya) dat de godin Psyche, zinnebeeld van de ziel, voorstelt.

Voor dit boek ben ik de volgende mensen erkentelijk: drs. Marlies de Jonge, drs. Roland Hoedemaekers en dr. Hein van Dongen, die (delen van) het manuscript kritisch hebben gelezen, Anny Dirven, voor haar correctie van de proefdruk, en verder mijn moeder Corrie Rivas-Wols, Hicham Karroue, drs. Pieter van Wezel, Gerard M., Hafid Laaguid, dr. B. Shamsukha, dr. Jamuna Prasad, dr. Ian Stevenson, dr. K.S. Rawat, Mary Rose Barrington, M.A, dr. John Beloff, David Chalmers, Ray Jackendoff, Marleen Oosterbaan, Pierre Rezus, Bernadette

Raymakers, drs. Marcel Engeringh, drs. Frans van Dorp, drs. Bob van Dorp, dr. René Marres, Marleen Drijgers, dr. Esteban Rivas, drs. Louis de Windt, dr. Frans Gieles, Chris Canter, drs. Rob de Vries, Musa van den Heuvel, Kim Kok, Suzan van Latum, Wim van Grimbergen, Antoine Janssen, Jo Meevis, Rob Berntsen, Elsa en Goku, Jan Kox, Ian Thompson en dr. René van Hezewijk, voor hun inspiratie en/of morele ondersteuning. Tijdens het schrijven ervan heb ik ook nog veel steun gehad aan mijn huisdieren Cica, Guusje, Jerry, Takkie en Moortje.

Titus Rivas
Nijmegen, februari 2012

René Descartes (1596-1650) alias Cartesius

Hoofdstuk 1. Basisvragen uit de filosofie van de geest

Als ik ervan overtuigd ben dat er een aarde bestaat doordat ik haar aanraak of zie, dan moet ik er ook, om een nog sterkere reden, van overtuigd zijn dat mijn gedachte er is of bestaat. René Descartes, *Les Principes de la Philosophie, Eerste Deel*.

1.1 Inleiding

Wie zijn wij? Waar komen we vandaan? Waar gaan we naartoe? Het is soms net alsof dit soort traditionele vragen uit de wijsgerige zijnsleer er tegenwoordig voor veel mensen niet meer toe doen. Alsof ze verkeerd gesteld en allang achterhaald zijn. De verschillende filosofische antwoorden zouden daarbij vervangen zijn door een wetenschappelijk wereldbeeld of ze zouden juist samen met die wetenschap als vervreemdend moeten worden verworpen. Deze houding doet enigszins denken aan de manier waarop velen tegenover de politieke filosofie staan. Traditionele politieke antwoorden zoals het socialisme, anarchisme of het klassieke liberalisme zouden volgens velen uit de tijd zijn en vervangen zijn door een pragmatische, als het ware 'vanzelfsprekende' vorm van neoliberalisme.

De postmoderne mens lijkt zo bevrijd te zijn van dwalingen uit het verre of recentere verleden, maar schijn bedriegt nu eenmaal wel vaker. In feite zijn de speurtochten uit het verleden in mijn ogen op veel punten niet vervangen door kennis en wijsheid, maar slechts door een intellectuele leegte. Intellectuelen die daartegenin proberen te gaan en voortbouwen op oudere posities worden in deze maatschappij gezien als sympathieke of minder sympathieke relicten uit een overmoedig verleden waarin men nog naar Waarheid, Schoonheid en Goedheid streefde. Mensen dulden hen doorgaans in hun midden, net zoals vroeger de dorpsgekken in 'tolerante' gemeenschappen werden geduld. Naar hen luisteren doen de meesten al heel lang niet meer, tenminste niet als men verwikkeld is in een serieuze discussie. Ze zijn voor velen weinig meer dan overblijfselen uit een tijd die achter ons ligt en ons niets wezenlijks meer te bieden heeft. Deze gangbare houding is echter niet meer dan het resultaat van een grote denkfout: men gaat er vanuit dat posities achterhaald zijn enkel en alleen doordat de *consensus* of tijdgeest tegen die posities ingaat. Als er maar genoeg schreeuwerige en arrogante 'denkers' en 'schrijvers' zijn die verkondigen dat de posities uit de tijd zijn, betekent dit dat de gewone burger zijn schouders ophaalt en denkt: "Zij zullen het wel beter weten." En vervolgens de posities voortaan als afgedaan beschouwt. In plaats van door te gaan op de weg van de rationele methode die denkfouten aan de kaak stelt en bekritiseert, hebben velen zo zelfs de rede *zelf* grotendeels in de ban gedaan en vervangen door een middeleeuws aandoend autoriteitsdenken. Waarbij men contemporaine of recente grootheden citeert, vaak zonder nog langer kritisch stil te staan bij wat ze nu eigenlijk beweren. Dit is ernstig, omdat alleen de rede de *denkende* geest mijns inziens kan voorthelpen op zijn speurtocht naar een zo realistisch mogelijk beeld van de werkelijkheid. De lezer merkt direct dat ik een grotere affiniteit bezit met een kritische renaissance van de moderne, rationalistische filosofie dan met een postmoderne afwijzing van de ratio.

Dat het genoemde autoriteits– en consensusgerichte denken machtig is, is mij persoonlijk diverse malen op een indringende manier gebleken. In dit hoofdstuk zal ik echter tegen iedere 'vanzelfsprekende' verwerping van lichaam-ziel dualisme in, kort aantonen hoe onhoudbaar met name het door velen als vanzelfsprekend beleefde ontologische materialisme en aanverwante posities in feite zijn. Door opnieuw de traditionele vragen te stellen uit de filosofie van de geest. Nogmaals, ik ben zeker niet de eerste die dat doet, maar ik sluit aan bij de bijdragen van voorgangers als René Descartes (Cartesius) en tijdgenoten zoals John Beloff.

1.2. Is er wel een geest?
Dit hoofdstuk is gewijd aan de filosofie van de *geest* of *ziel*. Deze woorden zijn in het Nederlands meerduidig. Er kan van alles mee bedoeld worden, zoals verstand, sfeer, inborst of spook. Iets dergelijks geldt voor termen in andere Europese talen zoals mind (Engels), mente (Spaans), esprit (Frans) of Geist (Duits).
In de filosofie van de geest wordt er echter met de 'geest' steeds een abstracte term bedoeld die onze ervaringen, gedachten, gevoelens en verlangens omvat. Geest is dus in ieder geval op te vatten als alles wat we op de een of andere manier van *binnenuit, subjectief* beleven[1].
Er zijn filosofen die van mening zijn dat er in deze zin helemaal geen geest bestaat, omdat ervaringen, gedachten, gevoelens of verlangens *zelf* helemaal niet zouden bestaan. Het slaat volgens deze filosofen simpelweg nergens op hoe we over gevoelens en al die andere zogenaamd geestelijke processen praten. Ons taalgebruik zou 'voorwetenschappelijk' zijn als het gaat om ons innerlijk leven. Vroeger dachten mensen dat er bijvoorbeeld onstoffelijke gevoelens bestonden die iets anders waren dan hersenprocessen. Maar in de 21e eeuw weten we

---

[1]   Voor een ideeëngeschiedenis op dit gebied, zie: Popper (1977).

volgens deze denkers toch echt wel beter: al onze 'geestelijke' processen zijn in hun visie in feite gewoon neurologische processen in ons brein. Er zou niets bijzonders aan de hand zijn met onze gevoelens, gedachten, verlangens of gewaarwordingen waardoor deze niet opgevat zouden kunnen worden als zuiver fysieke processen.

Deze positie, die allerlei varianten kent binnen diverse stromingen welke hierin allemaal op hetzelfde neerkomen, wordt ook wel 'eliminatief materialisme' (of 'eliminativisme')[2] genoemd; de geest wordt als zodanig geschrapt uit het wereldbeeld, geëlimineerd. Een iets mildere variant noemt men 'reductionisme' (oftewel 'reductionistisch materialisme')[3]; de geestelijke processen worden volledig herleid tot fysieke processen, dat wil zeggen: tot de 'materie' of onbezielde stof. Het verschil tussen eliminatief materialisme en reductionisme ligt hierin dat de reductionistische positie erkent dat we het hebben over *bestaande* entiteiten als we termen als geest, gevoelens, gedachten, et cetera gebruiken, maar stelt dat deze alsnog opgevat moeten worden als neurologische patronen, terwijl het eliminatief materialisme zelfs ontkent dat de woorden eenduidig verwijzen naar neurologische verschijnselen, aangezien deze termen zouden berusten op een voorwetenschappelijk wereldbeeld zonder wetenschappelijke importantie. Beide posities komen echter overeen in de verwerping van het bestaan van niet-fysieke subjectieve ervaringen.

Enkele invloedrijke filosofen, zoals Gilbert Ryle[4] en de latere Ludwig Wittgenstein[5] verbinden hun reductionisme ten aanzien van subjectieve ervaringen aan een vorm van zogeheten 'analytisch behaviorisme' (afgeleid van behavio(u)r = gedrag). Ze stellen dat uitspraken over ons innerlijk niet werkelijk gaan over subjectieve ervaringen maar over menselijke gedragingen en tendensen. De filosofie van de geest zou daarmee dus reduceerbaar zijn tot de taalfilosofie[6].

---

2   Churchland (1986).
3   Dennett (1995).
4   Ryle (1949), zie ook: Quine (1960).
5   Wittgenstein (1953/1968).
6   De Ghanese filosoof Kwasi Wiredu hangt blijkens een artikel van Carolien 7. Ceton (2002) een dergelijke positie aan. Hij zegt (blz. 13-14): "Ik was verbaasd toen ik ontdekte dat er zo'n groot denker [Ryle] voor nodig was geweest om tot dat inzicht te komen. De geest beschouwen als een ding is voor mij, uitgaande van mijn eigen taal [het Akan], totaal onzinnig." Het niet algemeen voorkomen van bepaalde concepten wordt daarmee kennelijk als voldoende reden beschouwd om ze te verwerpen. Terwijl allerlei fijnere onderscheiden in de werkelijkheid feitelijk alleen diegenen kunnen opvallen die zich er meer dan gemiddeld voor interesseren. Overigens blijkt Wiredu op basis van zijn moedertaal weer geen moeite te hebben met quasi-materiële entiteiten, ook al komen er lang in niet alle talen

Hier wordt doorgaans tegen ingebracht dat het toch duidelijk is dat gevoelens en andere bewuste ervaringen, subjectieve en *kwalitatieve* eigenschappen – de zogenaamde 'qualia'[7] – bezitten die men domweg niet kan opvatten als neurologische kenmerken. We moeten daarbij denken aan: hoe iets aanvoelt, hoe we het ervaren, beleven of ondergaan[8]. Hoofdpijn doet bijvoorbeeld domweg pijn, en pijn in die kwalitatieve, subjectieve zin is nooit te beschrijven als zuiver fysiologisch proces. Dat komt omdat alle fysieke processen sinds het begin van de moderne natuurwetenschap opgevat worden[9] als processen die men volledig *wiskundig* kan beschrijven, in een zuiver kwantitatieve taal van getallen. Kwalitatieve eigenschappen horen niet in de louter kwantitatieve definitie van materie[10] thuis.

Eliminatieve en reductionistische materialisten blijken in feite het subjectieve bewustzijn oftewel de geest in de zin van subjectieve beleving te ontkennen omdat hij niet past in hun wereldbeeld. Hein van Dongen stelt in dit verband dat ze geen oog hebben voor de zogeheten 'incommensurabiliteit' van lichaam en geest[11]. Dat wil zeggen dat ze miskennen dat niet alles wat er bestaat in de werkelijkheid met een en dezelfde, natuurwetenschappelijke methode gemeten kan worden.

Reductionisten lijken een soort filosofische tegenhanger van wat de hedendaagse sceptici zijn wanneer het om parapsychologische fenomenen gaat[12]. Maar in feite is hun ontkenning van de geest nog veel radicaler dan de sceptische ('skeptische') afwijzing van het paranormale[13]. Ze ontkennen immers onze *hele*

---

woorden voor zulke entiteiten voor.

[7] Nagel (1979), Jackendoff (1990), Chalmers (1996).

[8] Voor het concept 'intentionaliteit' in verband met het geestelijke, zie: Searle (1988).

[9] Zie voor de geschiedenis van dit basale onderscheid tussen primaire en secondaire kwaliteiten: Dijksterhuis (1975) en De Vries (1989). Het onderscheid is van essentieel belang gebleken voor de ontwikkeling van de natuurwetenschap.

[10] Dit is geen kwestie van een willekeurige afspraak, maar een voorwaarde om de materie te kunnen beschouwen als niet-subjectieve entiteit, zie: De Vries (1989).

[11] Van Dongen (1999).

[12] Zie: Rivas (2000).

[13] Overigens kenmerken sceptici (of zoals ze zichzelf aanduiden: 'skeptici') en reductionisten zich allebei door een misplaatste verwijzing naar het zuinigheids– of economieprincipe. Dit 'scheermes van Occam' waarmee je de overbodige 'baard van Plato' zou moeten afscheren komt erop neer dat je niet moet uitgaan van entiteiten tenzij dat strikt noodzakelijk is. Sceptici doen alsof zelfs harde statistische bewijzen voor het bestaan van paranormale verschijnselen het nog niet nodig zouden maken het bestaan van dergelijke verschijnselen

ervaringswereld. Als er geen geest is, als er slechts neurologische processen bestaan, dan zijn er geen subjectieve ervaringen, gevoelens, gedachten of verlangens zoals we die allemaal elke dag beleven en verwoorden. Dan zou ons hele leven, in de zin van beleving, een soort 'illusie' zijn, een foutieve indruk of waan. We zouden slechts de indruk (of het idee) hebben dat we van alles ervaren, terwijl we in feite helemaal niets ervaren.

Dat is precies wat sommige reductionisten beweren. Dat de meeste mensen zo 'hardnekkig' vasthouden aan het bestaan van een innerlijk, subjectief leven dat niet reduceerbaar is tot de neurologische, fysiologische processen in ons brein, betekent eenvoudigweg dat de meesten van ons zichzelf voor de gek houden. We denken slechts – of lijden slechts aan de waan – dat we subjectieve belevingen hebben. Door de juiste wetenschappelijke vorming van de onverlichte massa zullen we ooit allemaal ophouden in een (onreduceerbare) geest te geloven.

Een van de meest bevlogen exponenten van deze 'wijsheid' is Daniel C. Dennett. Zo zegt hij in zijn boek *Het Bewustzijn Verklaard* op blz. 155[14]: "Wanneer we van het cartesiaanse [van Descartes, Cartesius] dualisme afzien, moeten we ook werkelijk afzien van het schouwspel [subjectiviteit] en ook van het publiek [het subject] in het cartesiaanse theater, want geen van beiden zijn in de hersenen te vinden, en de hersenen zijn de enige werkelijke plaats waar we ze kunnen zoeken."
Op blz. 408 zegt Dennett expliciet over qualia: "Inderdaad beweer ik dat dergelijke eigenschappen niet bestaan, ook al lijken ze wel te bestaan. Maar [...] ik ben het er volledig mee eens dat het zo lijkt. Qualia lijken te bestaan." Op blz. 445 maakt hij het zo mogelijk nog bonter: "Zijn zombies mogelijk? Ze zijn niet alleen mogelijk, ze bestaan echt. We zijn allemaal zombies. Niemand is bewust – niet in de systematisch raadselachtige zin [...] Ik kan niet bewijzen dat zo'n soort bewustzijn niet bestaat. Ik kan ook niet bewijzen dat kabouters niet bestaan."
Dennetts zelfverzekerde verwerping van qualia culmineert tot slot op blz. 493 in de verzuchting: "Het postuleren van speciale innerlijke kwaliteiten die niet alleen privé en intrinsiek waardevol zijn maar ook nog onbewijsbaar zijn en buiten elk onderzoek vallen is niets anders dan obscurantisme."

Deze positie doet op het eerste gezicht denken aan die van een krankzinnige die volhoudt dat niet hijzelf maar de rest van de wereld gek is. Maar het zou te

---

te erkennen. Reductionisten doen alsof alle subjectieve ervaringen ter wereld nog niet voldoende zouden zijn om hun positie te verlaten. Sceptici scheren zo als het ware al gauw Plato's neus en oren eraf, terwijl reductionisten hem zelfs de keel doorsnijden.
[14] Dennett (1995).

gemakkelijk zijn om haar zo – als het ware vanzelfsprekend – af te doen.

De stelling dat de geest een illusie of waan is kun je op twee manieren opvatten:
(1) We ervaren subjectief dat we subjectieve ervaringen hebben, terwijl we die niet hebben. Zoals onder meer Karl Popper aantoont[15], is dit onhoudbaar omdat we ook dan in ieder geval één subjectieve ervaring overhouden, die alsnog geestelijk is. We kunnen met andere woorden de subjectieve geest (in de vorm van een illusoire ervaring) niet te hulp roepen om het niet-bestaan van diezelfde subjectieve geest aantonen.
(2) We ervaren helemaal niets, maar 'denken' alleen, in een niet-subjectieve (bewustzijn-loze), computer-achtige zin, dat we van alles ervaren. Deze tweede positie is in ieder geval wel consistent, maar helaas voor de reductionisten nu eenmaal wel echt in strijd met *alles* wat we ervaren, met heel ons innerlijk leven!

Reductionisten ontkennen dat er in subjectieve zin pijn, vreugde, kleuren, opwinding, gedachten, verlangens, et cetera bestaan. Ze ontkennen *zichzelf* dus als subjectieve wezens.

Het reductionisme is overigens niet alleen onhoudbaar omdat het de subjectieve geest domweg ontkent, wat op zichzelf natuurlijk al meer dan genoeg reden is. Het is ook nog eens in strijd met zichzelf omdat de ontkenning van subjectieve ervaringen over het algemeen logisch gezien ook leidt tot de ontkenning van subjectieve ervaringen van de *fysieke* wereld. Als onze subjectieve indrukken van de buitenwereld in feite niet bestaan, is tegelijkertijd onze in ultieme zin enige bron van informatie over de realiteit en dus ook over de fysieke wereld verdwenen. Anders gezegd: we hebben totaal geen reden meer om van een fysieke wereld uit te gaan, als we het bestaan van subjectieve indrukken ervan verwerpen. Verwerping van de realiteit van de subjectiviteit leidt uiteindelijk dus logisch gezien tot verwerping van de realiteit als geheel, met andere woorden tot ontologisch nihilisme, de stelling dat er helemaal niets bestaat.
Aangezien reductionisme en nihilisme niet hetzelfde zijn, toont dit aan dat het reductionisme als je het ver genoeg doordenkt ook intern onhoudbaar is.

Overigens kan het reductionisme ook los van deze inconsistenties heel moeilijk vasthouden aan zijn eigen validiteit, omdat het dan gebruik zou maken van een abstract, onstoffelijk concept van waarheid dat moeilijk in te passen is in dit feitelijk geestloze systeem.

---

[15] Popper (1977).

We kunnen er op basis van het voorafgaande daarom al vanuit gaan dat er wel degelijk een subjectieve, 'fenomenale' geest bestaat die niet te reduceren is tot neurologische processen en allerlei kwalitatieve, subjectieve eigenschappen oftewel qualia bezit. In feite is dit de aloude 'cartesiaanse' positie van René Descartes die op haar beurt weer stoelt op de filosofie van Augustinus[16]. *We kunnen aan alles twijfelen, maar toch niet aan het gegeven dat we twijfelen zelf.* Hierdoor worden we zeker van ons eigen bestaan als subjectieve wezens, als wezens met een subjectieve geest.

De uitspraak *cogito (ergo) sum*[17] komt neer op het volgende: ik denk (na over de realiteit) en daarom besta ik zelf in ieder geval als denkend wezen. Dit 'cogito', zoals het vaak wordt genoemd, is vaak belachelijk gemaakt door anti-cartesianen. Volgens hen zouden mensen veel zekerder kunnen zijn van hun lichamelijk bestaan en van de buitenwereld dan van hun eigen innerlijk. Maar zoals ik boven al aangaf, betekent dit dat je moet aannemen dat we een bron van kennis over de realiteit zouden hebben die ons *niet* via onze eigen subjectieve beleving tot ons zou komen. Het cogito, de positie dat we in ieder geval zeker kunnen zijn van ons eigen bestaan als geestelijke wezens, is daarom ook voor mij een eerste fundament voor mijn filosofie.

Gevolgen voor de natuurkunde, biologie en psychologie

Ontologische reductionisten houden geen rekening met subjectieve beleving omdat die volgens hen nou eenmaal echt niet zou bestaan. Dat heeft grote gevolgen voor wetenschappelijke theorieën die gefundeerd zijn in het reductionistische materialisme. Zo zijn natuurkundigen en kosmologen al heel lang bezig met een 'theorie van alles' die de hele werkelijkheid zou verklaren. Velen van hen houden daarbij geen of onvoldoende rekening met het bestaan van een geest die niet reduceerbaar is tot hersenprocessen. Het zijn doorgaans materialisten die denken te kunnen volstaan met een harmonisering van de kwantummechanica met de algemene relativiteitstheorie[18]. Hun speurtocht naar een unificerende theorie is daarom bij voorbaat gedoemd te mislukken omdat ze al het geestelijke, het subjectieve en het kwalitatieve uiterst onrealistisch uit de realiteit gebannen hebben.

David Chalmers[19] zegt hierover: "Een theorie van de natuurkunde is geen echte theorie van alles indien het bestaan van bewustzijn niet kan worden afgeleid uit

---

[16] Wolfskeel (1973).

[17] Ook wel aangeduid als: "ego cogito, ego sum".

[18] Dit zijn de twee grote gebieden binnen de natuurkunde die theoretisch nog steeds niet eenduidig onder één noemer zijn gebracht, hoewel er naar verluid interessante pogingen worden gedaan.

[19] Chalmers (2002), blz. 96.

de natuurkundige wetten. Daarom moet de natuurkundige theorie nog een fundamentele component extra bevatten."

Biologen die niet uitgaan van een geest, komen onvermijdelijk uit op een beeld van mensen en andere dieren als niet meer dan bewusteloze organische machines ('automata'), een soort natuurlijke robots of 'zombies' zoals Dennett dat zou noemen.

Een psychologie die elke subjectiviteit ontkent, erkent uitsluitend nog het fysieke gedrag en geestloze 'computationele' processen (computer-achtige berekeningen) in de hersenen als haar onderzoeksobject. Zelf-rapportage doet er bijvoorbeeld niets toe voor dit soort psychologie. Een bekend voorbeeld van een dergelijke benadering vinden we in het psychologische behaviorisme. Een ander voorbeeld is een volledig neurologisch georiënteerde cognitieve psychologie.

1.3. Is er wel een fysiek lichaam?

Het reductionistische materialisme is ondanks zijn relatieve populariteit onder wetenschappers, zoals we hebben gezien, werkelijk *niets meer dan een volstrekt irrationele positie*. We kunnen immers niet aan een subjectieve geest twijfelen zonder impliciet al van zijn bestaan uit te gaan. Daarom heb ik de grote, soms bijna 'ontroerde' aandacht voor complexe reductionistische denksystemen zoals die van Dennett of Hofstadter[20] zelf weliswaar 'intellectueel' maar toch nooit bijster intelligent kunnen vinden.

Dit soort irrationaliteit geldt echter niet voor de positie dat er geen fysiek lichaam zou bestaan. Filosofen die dit aanhangen, zoals George Berkeley[21] of de contemporaine denkers John Foster[22] en P.B. Lloyd[23], worden aangeduid met de term ontologische 'idealisten'. Ze gaan er namelijk van uit dat er alleen 'ideële', dat wil zeggen: geestelijke fenomenen zijn en dat de materiële wereld slechts bestaat als een deel van onze subjectieve ervaring. De gehele fysieke werkelijkheid zou daarmee gelijkgesteld mogen worden aan iets wat we alleen beleven binnen onze geest zonder dat het ook daarbuiten nog zou bestaan. Dit is op zichzelf geen tegenstrijdige positie. Het is bij voorbaat onhoudbaar om, zoals reductionistische materialisten doen, het concept van een subjectieve geest 'weg' te verklaren door middel van een illusie (dat wil zeggen: een verkeerde indruk of waan). Maar het is niet logisch absurd om te stellen dat iets dat schijnbaar buiten die geest bestaat, in werkelijkheid alleen binnen de geest bestaat. Het is dus

---

[20] Hofstadter en Dennett (1981).
[21] Bender (1965), Lloyd (1999).
[22] Foster (1982, 2000).
[23] Lloyd (1994).

zeker mogelijk dat het ontologische (subjectieve) idealisme juist is.

Overigens is het ontologische idealisme niet zonder meer onproblematisch. We delen namelijk over het algemeen gelijksoortige waarnemingen van de buitenwereld met elkaar, en dat is erg vreemd als die buitenwereld niet bestaat. Er moet in dat geval een verbindend principe bestaan dat onze afzonderlijke waarnemingen (onbewust) op elkaar afstemt, vergelijkbaar met het parapsychologische begrip (onbewuste) telepathie. Deze voorstelling van zaken is onaannemelijk voor niet-idealisten, maar niet bij voorbaat *onmogelijk* (in logische zin incoherent) zoals wel geldt voor het reductionistisch materialisme.

Voor de filosofie van de geest is de uiteindelijke, inherente natuur van de materie niet essentieel van belang. Het gaat er slechts om te weten of er een niet-geestelijke werkelijkheid bestaat die zich buiten onze geest bevindt. Het heeft er alle schijn van dat dit wel het geval is, maar op dit punt lijken we niet verder te kunnen komen dan deze indruk. Het zou echt kunnen dat ons lichaam alleen binnen onze beleving bestaat en niet ook nog op zichzelf, in een externe fysieke werkelijkheid.

In dit boek ga ik er zelf vanuit dat er naast geesten inderdaad ook lichamen en een fysieke wereld zijn. Ik kan me daarin vergissen, in die zin dat ze alsnog alleen in de geesten zelf zouden bestaan. In ieder geval valt mijn positie onder het *dualisme*, de stroming die stelt dat er in het lichaam-geest vraagstuk twee soorten entiteiten bestaan, namelijk geestelijke en niet-geestelijke. De idealisten hangen net als de materialisten een *monistische* positie aan, omdat ze uitgaan van slechts één categorie entiteiten[24].

1.4. Kan er een geest zonder lichaam bestaan?
Sommige denkers vinden de vraag hoe lichaam en geest zich tot elkaar verhouden een 'vervreemdende' vraag. Volgens hen is het overduidelijk dat

---

[24] Anderson (1998) noemt dit type monisme overigens *kwalitatief monisme*, dat wil zeggen dat er slechts één *soort* entiteiten bestaan. Kwalitatief monisme staat tegenover *kwantitatief monisme*, dat inhoudt dat er slechts één (substantiële) *entiteit* bestaat. Kwalitatief dualisme betekent in deze terminologie dus dat je het bestaan van precies twee soorten entiteiten erkent, terwijl kwantitatief dualisme neerkomt op het erkennen van precies twee entiteiten. Personalistisch dualisme zoals ik dat hier verdedig is daarmee een vorm van kwalitatief dualisme, maar niet van kwantitatief dualisme. C.D. Broad gaat nog verder in zijn onderscheidingen binnen de ontologische posities in de filosofie van de geest en komt zo tot maar liefst 17 verschillende posities (Broad, 1925, hoofdstuk XIV).

lichaam en geest geen aparte grootheden zijn, maar intrinsiek bij elkaar horen[25]. Dat wil voor hen vaak ook zeggen dat lichaam en geest niet of nauwelijks scherp van elkaar te onderscheiden zijn. Het hele lichaam zou bijvoorbeeld doordrongen zijn van subjectiviteit, maar de geest zou ook helemaal doordrongen zijn van het lichamelijke. Zo hanteert men in de filosofische antropologie dikwijls een concept als 'lichamelijkheid'[26] dat zo vanzelfsprekend zou zijn dat het de irrelevantie van het lichaam-geest probleem zou aantonen. Als er al belangrijke verschillen zijn tussen lichaam en geest dan zou er hoogstens sprake zijn van een 'dualiteit' binnen een holistische eenheid[27]. Deze positie moet men niet verwarren met het reductionistische materialisme, want er is geen sprake van het reduceren of 'weg'verklaren van de geest tot hersenprocessen. In plaats daarvan noemt men deze positie 'holistisch materialisme', holisme of emergentie-materialisme (emergentisme) waarbij emergentie duidt op het veronderstelde voortkomen van de geest uit de materie[28]. Het holisme is ten dele verwant aan de oude, hylemorfistische of hylomorfistische leer van Aristoteles[29] (en het daarop voortbouwende wereldbeeld van Thomas van Aquino of de islamitische filosofie van Averroës [Ibn Rushd]), net zoals het dualisme met Aristoteles' leermeester Plato in verband kan worden gebracht.

Een holistisch mensbeeld komt overeen met het zelfbeeld dat veel westerlingen en anderen van zichzelf hebben. Een mens zou een onverbrekelijke eenheid van lichaam en geest zijn, die ontstaan is op het moment van de conceptie en zal vergaan op het moment van de fysieke dood[30]. Deze positie speelt niet alleen een

---

[25] Zie bijvoorbeeld: Braine (1992).

[26] Buytendijk (1965).

[27] Mooij (1988).

[28] Zie bijvoorbeeld C.D. Broad (1925).

[29] Juleon Schins (2000) vertegenwoordigt een hylemorfistische positie die nog directer verwant is aan die van Aristoteles dan de meeste andere hedendaagse varianten van het holisme. Het zogeheten 'vitalisme', dat stelt dat er een onstoffelijk vitaal element betrokken is bij het biologische leven, valt overigens zeker niet helemaal samen met het holisme, maar kent ook dualistische(re) vertegenwoordigers zoals Henri Bergson en Hans Driesch. Bepaalde geleerden beschouwen elk dualisme overigens als een vorm van vitalisme. Een bioloog die men waarschijnlijk als een interessante hedendaagse vitalist mag aanmerken is Rupert Sheldrake. Voor een recente discussie over hylemorfisme versus platoons substantialistisch dualisme, zie enkele blogs van Bill Vallicella (2011) en Edward Feser (2011).

[30] Sommige vormen van holisme zijn echter gekoppeld aan een religieus wereldbeeld zodat de aanhangers ervan geloven dat een godheid mensen met lichaam en ziel uit de dood zal laten verrijzen.

belangrijke rol in de filosofische antropologie[31] en de hedendaagse Franse filosofie van bijvoorbeeld Merleau-Ponty[32], maar bijvoorbeeld ook in het marxistisch-leninistische denken[33]. Al deze stromingen zijn het hierover eens dat René Descartes een kunstmatige scheiding tussen het geestelijke en het lichamelijke heeft aangebracht die fatale gevolgen heeft gehad voor de westerse wetenschap en tevens voor de westerse houding tegenover emoties als liefde en tegenover de vitale krachten zoals de seksualiteit.

Door het geestelijke uit het lichamelijke te bannen zou Descartes de weg vrij hebben gemaakt voor een kille, onmenselijke en ontmenselijkende mechanisering van het lichaam. Zelfs in de New Age-beweging zien we dit harde oordeel terug, dat wordt weerspiegeld door het gebruik van anti-cartesiaanse, holistische termen zoals 'lichaamswerk' en 'dicht bij je lichaam blijven'.

Nu is het zo dat veel cartesianen het lichaam uitsluitend als zielloze machine lijken te hebben benaderd, terwijl juist uit de cartesiaanse positie zou moeten volgen dat het lichaam wordt gezien als instrument en voertuig van de ziel. Dit ligt dus helemaal niet aan de onderscheiding van lichaam en geest, maar aan een merkwaardige positie dat beide in feite helemaal niet met elkaar in wisselwerking zouden staan.

Het lichamelijke in de zin van het niet-subjectieve, fysieke lichaam als object en het geestelijke in de zin van het subjectieve zijn echter wel degelijk goed te onderscheiden *zonder* dat dit tot ontkenning van interactie tussen beide hoeft te leiden. Het kwalijke van het anti-cartesiaanse antwoord op de positie van Descartes is dat men het volstrekt heldere onderscheid tussen lichaam (of ruimer: materie) en geest als niet-subjectief versus subjectief verdonkeremaant. Men brengt daarmee juist zelf heel kunstmatig een eenheid aan die bij voorbaat neerkomt op een ontkennen van fundamentele, reële verschillen. Het holisme is mijns inziens in dit opzicht een vertroebeling van het denken die misschien kan voldoen voor veel van de dagelijkse praktijk, maar toch niet voor de

---

[31] Hoe vanzelfsprekend het holisme voor filosofisch antropologen feitelijk kan zijn, blijkt uit de volgende passage bij Theo de Boer (1980, blz. 25): "De mens wordt [...] tot een hybridisch geheel van fysische en mentale factoren. In de moderne wijsgerige antropologie, waaraan de namen verbonden zijn van Heidegger, Merleau-Ponty, Ryle en Stuart Hampshire (op hun beurt weer geïnspireerd door Husserl en Wittgenstein), probeert men zich aan dit dualisme te ontworstelen. Een onbevangen blik op de mens laat zien hoe hij zich als eenheid manifesteert."

[32] Zie: Merleau-Ponty (1945), Van Dorp (1999). Voor de holistische positie in de psychologie, die voor een belangrijk deel steunt op Merleau-Ponty, zie: Giorgi (1978).

[33] Von Aster (1980).

systematische filosofie. De holistische afwijzing van de positie dat het geestelijke in ieder geval in theorie op zichzelf kan staan, komt zo op mij echt over als onderdeel van een algemenere afwijzing van het rationalisme. Het holisme zou als het ware zo evident waar zijn dat een rationaliteit die leidt tot de weerlegging ervan radicaal het zwijgen moet worden opgelegd.

Men ontkent dan ook zonder deugdelijke onderbouwing de mogelijke waarheid van het idealisme en verankert subjectiviteit op een zodanige manier in het menselijke lichaam dat het aanvankelijk duidelijke onderscheid tussen beide verloren gaat.

Een ander, zwaarwegend bezwaar tegen het holisme is dat dit het vraagstuk over het hoofd ziet hoe er ooit uit iets niet-subjectiefs iets geestelijks voort zou kunnen komen. Men probeert dit probleem vaak te bagatelliseren door te wijzen op andere 'holistische' verschijnselen. Daarbij ontstaan in fysieke systemen vanaf een bepaalde mate van organisatie volledig nieuwe eigenschappen. Op een vergelijkbare manier zouden er geestelijke processen en ervaringen ontstaan zodra er zich een bepaalde organisatiegraad van lichaam en zenuwstelsel zou voordoen. Daarbij vergeet men echter dat die andere 'holistische' wetmatigheden waarmee men de verhouding tussen lichaam en geest vergelijkt daar hoe dan ook *essentieel* van verschillen. Er kunnen in andere situaties nieuwe fysieke entiteiten ontstaan uit een specifieke organisatie van materiële onderdelen, maar die entiteiten blijven altijd geheel en al *fysiek* en ze worden *nooit subjectief*. We kunnen de gepostuleerde 'emergentie' (het gepostuleerde opduiken) van het geestelijke uit het lichamelijke dus niet begrijpelijk maken vanuit andere, puur fysieke 'holistische' processen.

Chalmers[34] zegt dit zo: "Maar bewustzijn is een totaal ander probleem, aangezien het de natuurwetenschappelijke verklaring op basis van structuur en functie te boven gaat." David Ray Griffin concludeert uit het feit dat alle aantoonbare emergente eigenschappen van de materie externe eigenschappen zijn, dat het onder een en dezelfde categorie onderbrengen van mentale ervaringen en emergente uiterlijke kenmerken neerkomt op een categoriefout[35].

Sommige holisten hebben dit proberen te ondervangen door te stellen dat de *hele* fysieke wereld vervuld is van subjectief bewustzijn zodat dit niet pas bij een bepaalde configuratie uit de materie emergeert. Deze positie, een vorm van panpsychisme[36], ontkent dus niet se dat het lichamelijke en het geestelijke scherp

---

[34] Chalmers (2002), blz. 96.
[35] Stokes (1993), blz. 48.
[36] Maso, 1997; panpsychisme stelt in het algemeen dat alles doordrongen is van geest (niet-

van elkaar onderscheiden kunnen worden. Maar het geestelijke en het niet-geestelijke zouden dan eenvoudigweg in *alle* gevallen samengaan als twee bij elkaar horende aspecten van een holistische werkelijkheid[37]. Het grote bezwaar tegen deze positie is echter dat onze ervaring van de werkelijkheid er juist op wijst dat *niet* alle activiteiten in ons lichaam verbonden zijn aan subjectiviteit. Men kan bijvoorbeeld bepaalde lichaamsdelen verdoven terwijl de patiënt verder bij bewustzijn blijft. Overigens bestaat het tegenovergestelde ook, namelijk in de vorm van de zogeheten fantoompijn. Daarbij voelt men pijn 'in' een ledemaat dat niet meer bestaat (na een amputatie). Het panpsychisme ontkent nu over het algemeen impliciet dat binnen het lichaam uitsluitend het *centrale zenuwstelsel* direct in wisselwerking staat met de geest. Dit is overigens niet het enige bezwaar dat men tegen het panpsychisme kan inbrengen. ([38], zie de Appendix) .

Minstens zo erg voor de holistische positie is dat de definitie van een holistisch systeem niet van toepassing kan zijn op de relatie tussen lichaam en geest. Over het algemeen luidt de holistische formule namelijk: "Het geheel is meer dan zijn delen".

---

idealistische vorm oftewel panpsychistisch dualisme) of zelfs geheel bestaat uit geest (idealistische vorm). Bekende panpsychisten zijn onder meer Spinoza, Leibniz, Gustav Fechner, W. K. Clifford, A.N. Whitehead, C. Hartshorne, Thomas Nagel en David Ray Griffin. Griffin (1997) noemt zijn variant 'panexperientialism'. Zie ook: Bohm (1980).

[37] Enkele geleerden, zoals Russell, Mach en William James, hebben geprobeerd het veronderstelde samengaan van subjectieve ervaringen en fysieke verschijnselen te grondvesten in een zogeheten 'neutraal monisme' of 'double aspect'-theorie (Von Aster, 1980). Dat houdt in het algemeen dat geest en materie aspecten of kanten zouden zijn van een als zodanig neutrale, onderliggende werkelijkheid. Vergelijk de positie van Herms Romijn (1991).

Dit neutrale monisme is mijns inziens in het algemeen een incoherente positie aangezien er, als geest neerkomt op de subjectieve (of algemener: inherent aan een subject gerelateerde) verschijnselen en materie op de niet-subjectieve (niet inherent aan een subject gerelateerde) verschijnselen, geen derde, neutrale categorie kan zijn die noch geestelijk is, noch materieel of juist zowel geestelijk als materieel. Iets is volgens voornoemde definities namelijk hetzij niet-geestelijk en dus materieel, hetzij niet-materieel en dus geestelijk. Iets kan dus niet tegelijkertijd niet-geestelijk en niet-materieel zijn en ook niet tegelijkertijd geestelijk en materieel.

Een ander argument tegen het neutraal monisme heeft te maken met causaliteit. Als het neutraal monisme juist is, impliceert dit een strikte parallellie tussen materie en geest, zodat de geest nooit geraakt zou kunnen worden door de materie (wat betekent dat de geest geen idee zou kunnen hebben van de fysieke werkelijkheid als zodanig) en de materie ook nooit door de geest (zodat de geest zich nooit in die materie zou kunnen uitdrukken, noch mondeling, noch schriftelijk).

[38] Zie ook paragraaf 4.3.

Als de geest echt een soort holistisch aspect of kenmerk van het lichaam zou zijn, dan zou het bij het lichaam als geheel horen. Het is echter niet in te zien hoe een niet-ruimtelijke, subjectieve entiteit een niveau zou kunnen zijn van de uitgebreide hersenen of van het organisme als totaliteit. Een lichaamsdeel als een arm bestaat bijvoorbeeld uit huid, botten, spieren, pezen, aderen, et cetera. Het is inderdaad de specifieke organisatie van al deze onderdelen die maakt dat het om een arm gaat. Maar de arm omvat de huid, botten, spieren, pezen, aderen, enzovoorts allemaal.

Laten we dit voorbeeld nu eens toepassen op de gepostuleerde holistische verhouding tussen persoonlijke geest en lichaam. De persoonlijke geest zou de hersenen, of zelfs het hele lichaam moeten omvatten, en wel in letterlijke zin; de geest zou moeten bestaan uit hersenkwabben, synapsen, huidcellen of wat dies meer zij. Dit is evident onjuist. *Het persoonlijke bewustzijn is niets anders dan wat het schijnt te zijn*: Een subjectieve ervaring van de kleur rood is bijvoorbeeld niet nog iets anders dan die ervaring. Een ervaring is dus niet in werkelijkheid opgebouwd uit onbewuste organische stof. In het subjectieve bewustzijn vallen schijn en werkelijkheid samen.

Men kan ter verdediging van het emergentie-materialisme overigens niet stellen dat de geest een volledig supra-organisch niveau van de materie is dat geen lichamelijke elementen omvat. Want als de geest in niets organisch is, in welke zin zou hij dan een niveau van iets organisch moeten zijn? Een niveau van de materie is per definitie materieel, en een niveau van de organische materie is dus ook per definitie organisch[39].

Over het algemeen mogen we concluderen dat het holisme neerkomt op een principiële afwijzing van de waarde van de cartesiaanse positie, terwijl de argumenten die het ervoor aanvoert niet steekhoudend zijn.

Holisten hebben gelijk waar ze stellen dat aanhangers van de oorspronkelijke cartesiaanse traditie in bepaalde of zelfs veel gevallen een onplezierig beeld hebben geschetst van emoties en vitaliteit. Maar ze hebben ongelijk met hun bewering dat het holisme rationeel gezien een volwaardig alternatief voor het dualisme zou bieden.

Functionalisme

Naast reductionisme en holisme in de emergentie-materialistische en panpsychistische zin, is er nog een derde positie die vooral sinds de opkomst van

---

[39] Rivas (1994).

het computer-model[40] opgeld heeft gedaan, namelijk het functionalisme van mensen als Jerry Fodor. Deze stroming beweert dat het geestelijke weliswaar bestaat, maar dan altijd als een proces binnen iets anders, vergelijkbaar met de rekenprocessen of programma's (software) in een computer. Het functionalisme beweert ontologisch 'neutraal' te zijn. Volgens functionalisten kan de geest zowel gelijk staan aan processen binnen de hersenen als binnen een onstoffelijke geest. Functionalisten die het eerste aanhangen kunnen in dit opzicht zowel reductionistisch georiënteerd zijn (Dennett is daar een voorbeeld van) als holistisch.

In het tweede geval (holisme) erkennen ze de speciale kwaliteiten van het subjectieve bewustzijn maar ze schrijven die dan anders dan veel andere holisten niet toe aan de eenheid van het lichaam als geheel, maar puur aan de organisatie van de hersenen. Dit soort functionalisten wordt ook wel niet-reductieve materialisten genoemd. Bij een bepaalde graad van complexiteit van de organisatie van de (processen in de) hersenen zouden er subjectieve kwaliteiten ontstaan die niet te reduceren zijn tot de neurologische processen in fysieke zin. Ook zij maken in dat geval voor hun argumentatie dankbaar gebruik van de holistische verschijnselen die er in de fysieke natuur voorkomen zonder te beseffen dat er nu juist geen parallel met die verschijnselen bestaat.

Het functionalisme is erg populair doordat het aansluit bij het zogeheten computermodel van de geest dat een hoofdrol speelt binnen een zeer invloedrijke theoretische stroming in de psychologie, het zogeheten cognitivisme.

Identiteitstheorie
Een bepaalde vorm van materialisme die vooral onder neurologen populair lijkt, is de reeds op allerlei verschillende manieren geformuleerde identiteitstheorie[41]. In het algemeen erkent men bij deze positie het bestaan van subjectiviteit, maar men stelt dat de subjectiviteit van het geestelijke en het niet-subjectieve van het lichamelijke twee kanten van dezelfde medaille zijn. Als je bijvoorbeeld hoofdpijn hebt, ervaar je volgens aanhangers van de identiteitstheorie eenvoudigweg de fysieke pijnprikkels als fysiologisch verschijnsel maar dan van 'binnenuit'. Namelijk vanuit een perspectief van 'de eerste persoon', terwijl een ander de pijnprikkels alleen van buitenaf, vanuit 'de derde persoon', fysiek kan registreren. In feite zou de subjectieve pijn een soort illusie (in de zin van een verkeerde indruk of waan) zijn die hoort bij de fysieke pijn als objectief, registreerbaar feit. De werkelijke pijn is fysiek maar lijkt in essentie subjectief.

---

[40] Sanders & De Jong (1989), Draaisma & De Vries (1989), Jackendoff (1990).
[41] Zie bijvoorbeeld: Rosenthal (1994), Foster (1994).

Net als de reductionisten tracht men de subjectiviteit vanuit de materialistische identiteitstheorie dus af te doen als illusoir. Dat kan echter alleen als men het bestaan van subjectieve illusies erkent als feitelijk bestaand.

De identiteitsthese werd al geformuleerd door Feuerbach[42]: "(...) dat het denken voor mij geen hersenproces is, maar een handeling die van de hersenen verschilt en daarvan onafhankelijk is, daaruit volgt niet dat het op zichzelf ook geen hersenproces is. Nee, integendeel: Wat voor mij of subjectief zuiver een geestelijke, immateriële, onzintuiglijke handeling is, is op zichzelf of objectief materieel, zintuiglijk. De identiteit van subject en object (...) geldt in het bijzonder voor het hersen– en denkproces"

Het is echter van tweeën één:

– *Of* er bestaat eigenlijk geen subjectieve pijn en er zijn alleen fysieke pijnsignalen.

– *Of* de subjectieve pijn bestaat wel, maar dan moet hij ontologisch van de fysieke pijnsignalen verschillen. Subjectieve pijn zelf kan niet opeens in ultieme zin samenvallen met de fysieke pijnsignalen, want dan zou het zijn subjectieve kwaliteiten verliezen.

De identiteitstheorie is rationeel gezien dus bij voorbaat onhoudbaar.
Of er bestaan alleen lichamelijke verschijnselen, of alleen geestelijke, of allebei, maar als ze allebei bestaan kunnen ze logisch gezien niet nog eens geheel samenvallen[43].

---

[42] Thies (1975).

[43] Karl Popper (1977) wijst erop dat de identiteitstheorie haar oorsprong vindt in het fenomenalisme van Immanuel Kant (1974). Deze filosoof meende de rationalistische metafysica van de ziel van Descartes, Leibniz en Wolff te kunnen weerleggen door te zeggen dat we van alle dingen slechts toegang hebben tot de 'fenomenale' kant, dat wil zeggen: de vorm waarin iets aan ons verschijnt. Hoe het los daarvan nog eens op zichzelf zou kunnen zijn (de mogelijke 'noumenale' kant) ligt buiten ons bereik volgens Kant. Dit is echter daarom onhoudbaar omdat de subjectieve geest nu juist zelf het medium van de fenomenale ervaringen is. Fenomenale ervaringen kunnen daarmee noumenaal natuurlijk nooit iets anders dan zichzelf zijn. Ze verschillen daarin van de fysieke wereld, waarbij er een groot verschil zou kunnen bestaan tussen onze fenomenale ervaring ervan en haar eigenlijke aard; zelfs dusdanig dat er mogelijk helemaal geen fysieke wereld bestaat. Als het, zoals Kant meent, ook zo gesteld was met onze fenomenale ervaringen zelf, dan zou het mogelijk zijn dat fenomenale ervaringen eigenlijk geen fenomenale ervaringen zijn en misschien zelfs helemaal niet bestaan. Dit is een variant op de hedendaagse eliminativistische en reductionistische stelling dat een illusie uiteindelijk geen illusie in de

Een verhelderend voorbeeld[44]. Twee gevallen:

(1) Iemand heeft de indruk dat de zon schijnt. Dan kan hij of zij betwijfelen of de zon schijnt, maar niet of hij of zij die indruk heeft dat de zon schijnt. Of de zon ook objectief schijnt, kan misschien niet met 100% zekerheid worden vastgesteld, misschien ís er zelfs wel helemaal geen zon, en bestaat er buiten de indruk van die persoon wel helemaal niet zoiets als schijnen.

(2) Iemand maakt een ander kenbaar dat ze de indruk heeft dat de zon schijnt. Dan kan men betwijfelen of zij werkelijk de indruk heeft dat de zon schijnt; zij kan opzettelijk of onopzettelijk een onwaarheid uitspreken. Maar dat komt alleen omdat er werkelijk een subjectieve ervaring bestaat waarnaar haar uitspraak zou moeten verwijzen. Dus noch de mogelijke onjuistheid van uitspraken over subjectieve ervaringen (geval 2) noch hun mogelijke illusoire karakter ten aanzien van een verschijnsel buiten henzelf (geval 1) doen iets af aan de realiteit van subjectiviteit zelf. Het onderscheid tussen wezen en schijn is niet van toepassing op het bewuste innerlijk leven[45].

1.5. Waarom is het materialisme zo invloedrijk?

Na bovenstaande analyse mag gesteld worden dat het materialisme (in al zijn verschillende varianten) een onhoudbare positie is. Maar dat laat ons wel met een belangrijke vraag zitten: *hoe kan het toch dat stromingen die zo weinig rationeel zijn zo massaal worden aangehangen door doorgaans intelligente mensen die zich laten voorstaan op hun rationaliteit?*

Volgens mij moet men in het beantwoorden van deze vraag onderscheid maken tussen reductionisme en holisme.

De achterliggende grondmotivatie voor het formuleren van het **reductionisme** is waarschijnlijk een mateloos enthousiasme voor de natuurwetenschappelijke methode. Door het succes ervan op talrijke gebieden denkt men haar toe te kunnen passen op de hele realiteit. Men gaat ervan uit dat het reductionistische mensbeeld ooit alle belangrijke vragen die je in principe kunt stellen zal

---

subjectieve zin is. Kant heeft zijn inzichten over de kenbaarheid van de fysieke wereld 'an sich' dus ten onrechte ook op het vraagstuk van de kenbaarheid van de subjectieve ziel toegepast (Zie: Popper, 1997; Rivas, 1996). Door te stellen dat de fenomenale geest als zodanig objectief gezien niet 'echt' zou hoeven te bestaan, haalt hij mijns inziens de basis onder zijn eigen fenomenalisme ten opzichte van de fysieke wereld vandaan. Overigens stelde reeds Augustinus dat men niet misleid kon zijn over de aard van de subjectieve ervaringen die men ondergaat (Goetz & Taliaferro, 2011, blz.35).

[44] Uit: Rivas (1996).
[45] Vergelijk: Nietzsche (1992).

oplossen.

Een bijkomend voordeel dat reductionisten waarschijnlijk toeschrijven aan hun positie is dat men geen gebruik hoeft te maken van concepten zoals de ziel, die voorheen onderdeel uitmaakten van theologie of metafysica. Door het genoemde succes van de natuurwetenschappelijke methode denken velen dat we het de rationaliteit verschuldigd zijn niet alleen de natuur maar ook onszelf te 'onttoveren'. Zo zegt Steven Pinker: "Aanvankelijk voelt deze gedachte misschien onprettig aan, maar ik denk dat we op de lange duur alleen maar winst boeken door een realistische kijk op onszelf."[46]

Concepten als ziel of geest zouden verzinsels zijn uit een voorwetenschappelijke magische en theologische periode van de ontwikkeling van de mensheid die men als 'nuchtere' rationalisten volledig achter zich moet laten. De grote bonus daarvan zou zijn dat het denken zindelijker dan ooit wordt en men niet langer gehinderd wordt door bijgelovige angsten of schuldgevoelens rond het genieten van de aardse geneugten. Reductionisten zien de verdediging van hun positie als een emancipatiestrijd, een verlossing van de mensheid van de laatste resten van obscurantisme. Een (toornige) godheid is immers niet bijster plausibel binnen een werkelijkheid waarin er niet eens sprake is van menselijke subjectiviteit. Terwijl tegenstanders van het reductionisme (waaronder ikzelf) de ontkenning van al het geestelijke erg deprimerend kunnen vinden, hebben voorstanders ervan het juist over 'pessimisme' wanneer je aangeeft dat reductie van de geest tot de hersenen onmogelijk is. Reductionisten beschouwen natuurwetenschap vanzelfsprekend als de enige betrouwbare basis van zelfkennis en als enige mogelijkheid om gedragsproblemen en psychiatrische stoornissen te verhelpen. Daarom komt het mislukken van het reductionistische programma voor hen niet alleen neer op een theoretisch echec (dat zeer fundamentele beperkingen van de menselijke ratio zou aantonen), maar ook op een menselijke tragedie.

Tot slot speelt er bij sommigen ook nog een enthousiasme voor de ontwikkeling van Artificiële Intelligentie mee, voortkomend uit hun droom van de schepping van een bewuste kunstmatige (super)mens.

De reductionistische materialist beweert overigens dat de dualist elke inwerking van de hersenen, zoals die bijvoorbeeld bij de waarneming en bij bepaalde 'organische' psychiatrische stoornissen aanwijsbaar zijn, zou moeten loochenen. Dat is een zeer ernstige misvatting, want alleen de dualist die zich parallellist noemt, ontkent inderdaad een dergelijke inwerking. Alle andere dualisten zien de hersenen als het voornaamste materiële object dat invloed heeft op het geestesleven. Welke invloed er overigens ook van de hersenen op de geest kan

---

[46] Bergsma (1998), blz. 37.

uitgaan, zij doet bij voorbaat niets af aan de irrationaliteit van het reductionistische materialisme.

De motivatie achter het **holisme** heeft vooral te maken met het gelijkstellen van ervaringen die betrekking hebben op de *wisselwerking* van de geest met het lichaam aan dat lichaam *zelf*. T.K. Österreich[47] wijst wat dit betreft op een soort holistische illusie (in de zin van een verkeerde indruk of waan) die opgebouwd is uit twee stappen: "Wat maakt nu echter eigenlijk, dat het fysieke lichaam zo vaak met het ik geïdentificeerd wordt? Het is een dubbele vergissing, die dat teweeg brengt. Ten eerste wordt [...] het complex van de lichamelijke ervaringen [bedoeld zijn: de fysieke prikkels] voor identiek met de begeleidende gevoelstoestanden en aldus voor subjectief aangezien, en ten tweede wordt dan dit ervaringscomplex geïdentificeerd met het lichaam als fysiek object". René Descartes ging al van het bestaan van zo'n illusie uit[48].
Vanuit deze in feite voor veel mensen basale gelijkstelling ervaart men het scherp onderscheiden van lichaam en geest als een vorm van vervreemding.

Door de inderdaad onder cartesianen voorkomende onderwaardering van emoties en vitale motieven worden holisten verder gesterkt in hun opmerkelijke typering van de geest als primair 'lichamelijk'. Een neo-cartesiaans dualisme zal zeker expliciet moeten erkennen dat gevoelens en verlangens net zozeer subjectief en dus (in de hier gebezigde betekenis) *geestelijk* zijn als gedachten.

Het cartesiaanse dualisme dat onderscheidt maakt tussen twee soorten verschijnselen: fysieke, niet-subjectieve enerzijds en niet-fysieke, subjectieve anderzijds is zowel door het reductionisme als door het holisme in een kwaad daglicht gezet. Volgens reductionisten zou het dualisme irrationeel en obscurantistisch zijn en dus met alle mogelijke middelen uit de academische wereld moeten worden geweerd. Volgens holisten zou het dualisme vervreemdend, anti-emotioneel en anti-vitaal zijn en het zou om die reden krachtig afgewezen moeten worden vanuit een humanistisch perspectief[49].

1.6. Vragen vanuit het dualisme
Na dit eerste hoofdstuk zal ik me geheel richten op het lichaam-geest dualisme

---

[47] Österreich (1910).
[48] Goetz & Taliaferro (2011).
[49] Holisme in de filosofische zin moet overigens niet verward worden met een heilzame 'holistische' benadering van de geneeskunde die neerkomt op het erkennen van zowel fysieke als geestelijke, sociale en culturele factoren bij ziekte en gezondheid. Ook dualisten doen er goed aan voorstanders te zijn van een dergelijke benadering.

als redelijk alternatief voor het materialisme. In de volgende hoofdstukken komen drie vraagstukken aan bod die samenhangen met de hier verdedigde dualistische positie:

– Is het geestelijke iets persoonlijks of iets onpersoonlijks? (hoofdstuk 2)
– Welke soorten lichamen zijn verbonden met een geest? (hoofdstuk 3)
– Wat voor een wisselwerking bestaat er tussen lichaam en geest? (hoofdstuk 4).

Vanzelfsprekend verdedig ik het dualisme als zodanig niet opnieuw in dit boek, maar werk het slechts verder uit. Lezers die zich dus niet kunnen vinden in het dualisme zullen de door mij aangehangen basisargumenten voor deze positie bijna alleen in dit eerste hoofdstuk moeten zoeken. In hoofdstuk 4 kom ik trouwens nog wel even terug op bepaalde stellingnames, aangezien die posities ook nog vanuit het in dat hoofdstuk te behandelen vraagstuk van de impact van de geest onderuit gehaald kunnen worden.

De laatste twee hoofdstukken behandelen in het kort wat voor gevolgen een personalistisch dualisme kan hebben voor de axiologie (filosofische waardeleer) en empirische wetenschappen.

Daniel C. Dennett

Hoofdstuk 2. Is de geest een onpersoonlijk proces?

Ik besta niet. Daniel C. Dennett, in *Een schitterend ongeluk* van Wim Kayzer.

2.1. Inleiding

In het voorgaande hoofdstuk is gebleken dat het geestelijke in de zin van subjectiviteit echt bestaat en dat het niet reduceerbaar is tot de hersenen en ook niet tot het lichaam als geheel, maar een eigen niet-fysieke en kwalitatieve realiteit kent. In dit hoofdstuk staan we stil bij een volgende vraag: is het geestelijke iets onpersoonlijks, een soort stof die men in theorie net als de materie kan splitsen tot men eventueel op ondeelbare deeltjes (atomen) stuit, of mag men de subjectiviteit niet opvatten als een soort onstoffelijke (geestelijke) materie of 'mind stuff'[50]? Deze vraag is relevanter dan je misschien zou denken. Er zijn miljoenen mensen op deze aarde die er van overtuigd zijn dat het geestelijke een speciaal soort immateriële stof of 'energie' is. Iemands persoonlijke geest zou volgens hen opgebouwd zijn uit onpersoonlijke elementen en er zou in ultieme zin niets persoonlijks aan onze persoonlijke geest te ontdekken zijn.

Vergelijkbare stellingen worden onder meer aangehangen door dominante, impersonalistische vormen van boeddhisme[51], maar ook door westerse impersonalisten zoals de schotse filosoof David Hume[52]. Impersonalisme staat hier in het algemeen voor de stelling dat er geen vaste persoonlijke kern in de mens is.

2.2. Bewustzijn

De aanwezigheid van bewustzijn, in de betekenis van subjectieve beleving, impliceert echter automatisch dat er *iemand* is die iets ervaart, een ervaarder of subject. *Reductionisten* ontkennen vanzelfsprekend dat er zo'n subject is, omdat er immers ook geen subjectieve beleving zou bestaan volgens hen. Net zoals

---

[50] Zie bijvoorbeeld: Chakravarty (1985).

[51] Tsongkapa (1999), vergelijk: de transpersoonlijke psychologie van Ken Wilber (1977). Let wel: impersonalistische boeddhisten stellen dat er in ultieme zin geen permanent subject bestaat, maar ze erkennen wel een 'persoonlijkheid' in conventionele zin, die echter samengesteld is uit lichaam en geest. Er is dus evenmin als bij het impersonalisme van Hume sprake van een ontkenning van subjectiviteit, maar uitsluitend van de loochening van subjecten in de personalistische zin.

[52] Hume (1956).

termen als 'geest' en 'bewustzijn' volgens eliminatieve en reductionistische materialisten uit de tijd zijn of hoogstens geschikt als een soort steno-aanduidingen van complexe (in feite geestloze en zuiver neurologische) processen, is ook een term als 'persoon' volgens hen achterhaald. Volgens de eliminativisten en reductionisten zijn mensen gewoon organische machines met een zeer ingewikkeld stel hersenen en daar is voor hen alles mee gezegd. Zo verklaart Daniel C. Dennett[53]: "Wat ik ben, is een abstractie. Als ik het heb over wat ik als het Zelf beschouw, spreek ik over het centrum van de narratieve zwaartekracht [en niet meer dan dat]."

Holisten ontkennen niet dat er een subject bestaat, maar ze stellen dat subject gelijk aan het hele lichaam of organisme als holistische 'eenheid', ook al menen sommige van hen dat er een 'dualiteit' binnen deze eenheid moet bestaan tussen het lichaam als subject en het lichaam als object. Aanhangers van een *identiteitstheorie* identificeren het subject op hun beurt met het brein of de samenwerkende 'hogere' delen daarvan.

Volgens westerse impersonalisten die geen reductionist zijn, zoals Hume, impliceert het onloochenbare bestaan van subjectief bewustzijn niet dat er een subject bestaat. Ze leveren daar geen steekhoudende argumenten voor, maar stellen slechts dat we het subject nergens kunnen *waarnemen* en daarom geen reden hebben om van het bestaan ervan uit te gaan. Een vreemde bewering, omdat een subject *als subject* (en dus niet opgevat als zijn lichaam of als zijn mentale activiteit) per definitie geen voorwerp (in perceptuele zin) van zijn eigen waarneming kan zijn[54]. Hume en de zijnen moeten dus ofwel concluderen dat er geen subjectief, fenomenaal bewustzijn bestaat en dus ook geen subject (zoals in het eliminativisme en reductionisme), ofwel dat er wél zo'n bewustzijn is en dus ook een subject van dat bewustzijn zodat hun impersonalisme ongefundeerd is.

De boeddhistische impersonalisten ontkennen niet zozeer specifiek dat er bewustzijn of een subject bestaat, maar ze zeggen veel algemener dat ons menselijke begrippenkader als geheel niet deugt. Menselijke begrippen zouden de werkelijkheid per definitie kunstmatig en zuiver 'conventioneel' opdelen in delen terwijl alles met elkaar samen zou hangen en naar elkaar zou verwijzen, een gegeven dat ze aanduiden met de term 'interdependentie'. Met deze analyse

---

[53] Dennett (1995).

[54] Lund (1994) stelt echter dat er een primairder bewustzijn van jezelf bestaat dan in de introspectie tot uiting komt. Of hij daar nu gelijk in heeft of niet, het is voor het bestaan van subjectiviteit hoe dan ook noodzakelijk het bestaan van een subject te erkennen.

ondergraven deze impersonalistische boeddhisten (in tegenstelling tot personalistische boeddhistische minderheidsstromingen) echter hoe dan ook hun eigen leer, want die maakt immers zelf ook steeds weer gebruik van menselijke begrippen[55]. Met andere woorden: van begrippen die volgens hun eigen positie net zo willekeurig, 'conventioneel' en fragmenterend zijn als alle andere concepten zouden zijn. Blijkbaar is er dus iets fundamenteel mis met de leer van het impersonalistische boeddhisme, althans wel zoals ik die opvat. Dat moet aan de analyse van begrippen liggen. Begrippen verwijzen weliswaar steeds naar andere begrippen, maar niet *alleen* naar andere begrippen. Een 'appel' is bijvoorbeeld een 'ronde' 'vrucht', etc. Maar 'rond' is uiteindelijk een perceptueel, onreduceerbaar begrip dat niet verwijst naar andere begrippen, maar naar een soort idealisering of abstrahering van een visuele of tactiele ervaring. Hetzelfde geldt voor een begrip als 'persoonlijke geest'. Weliswaar betekent dit "een entiteit die (in potentie of actueel) een geestelijk leven heeft", maar "het hebben van een geestelijk leven" verwijst niet alleen maar terug naar het concept 'persoonlijke geest', zoals de impersonalistische boeddhisten beweren, maar bovenal naar hoe dat is, dat "hebben van een geestelijk leven".

2.3. Geest en persoon
Subjectief, kwalitatief bewustzijn verwijst altijd naar een persoonlijke instantie die de subjectieve ervaringen heeft. Zonder subject is een geest zoals we die in het voorgaande hoofdstuk hebben gedefinieerd niet denkbaar. Uitgaande van geest als subjectieve beleving is geest dus altijd iets persoonlijks. Niet in die zin dat de ene geest inhoudelijk niet op een andere geest kan lijken, maar in die zin dat er geen geest is die niet van 'iemand' is. Er is altijd een instantie – een subject – die het bewustzijn ondergaat[56].
Aangezien de geest zoals we die hebben gedefinieerd niet fysiek kan zijn, moet dat ook gelden voor het subject. Een fysiek apparaat kan namelijk per definitie alleen fysieke verschijnselen registreren, verschijnselen die uitputtend en volledig beschrijfbaar zijn in een kwantitatieve, mathematische taal. *Het subject kan dus zeker geen fysiek verschijnsel zijn*[57].

---

[55] Vergelijk deze kritiek met die van de Nyaya-filosofie zoals weergegeven door Chakrabarti & Chakrabarti (1991); zie ook: Rivas (1996).

[56] Bolzano (1970), Österreich (1910), Foster (1991), Rivas (1994).

[57] Zie: Foster (1991). Materialisten maken het concept van een onstoffelijk subject doorgaans belachelijk. Ze hanteren daarbij termen als de 'geest in de machine' of de 'homunculus', een mensje in de mens. De homunculus zou volgens hen ingevoerd worden als schijnoplossing voor lastige problemen uit de filosofie. In feite is dit niet alleen een karikatuur van het neo-cartesiaanse dualisme maar het verdonkeremaant bovendien de eigen totale miskenning van de vraagstukken waar het hier om gaat. Er is bij dualisten in

2.4. Persoonlijke identiteit

We hebben al gezien dat de geest persoonlijk is, dat wil zeggen dat er altijd een persoonlijk subject is, een persoon aan wie die geest toebehoort. In tegenstelling tot wat holisten beweren kan die persoon, van wie al het geestelijke het ervaringsleven vormt niet samenvallen met zijn of haar lichaam, omdat het lichaam als fysiek object nu juist helemaal geen subjectieve, geestelijke eigenschappen kan bezitten.

Een volgende vraag is wat nu de identiteit van een persoon, in de zin van subject van het geestelijke leven, uitmaakt in de loop der tijd. Veel filosofen doen alsof deze vraag naar de persoonlijke identiteit de vraag naar het 'identiteitsbewijs' is. Met andere woorden: Wat zou met meer of minder zekerheid bewijzen dat men een bepaald iemand is? Aangezien men bij andere personen dan zichzelf rechtstreeks steeds alleen toegang heeft tot hun lichaam en de expressies van hun geest, worden deze steevast aangewezen als de criteria op basis waarvan men iemands persoonlijke identiteit kan vaststellen.

Materialisten stellen dan vaak dat het lichaam het ultieme criterium hiervoor is, en dat iemands identiteit dus afhankelijk is van diens lichaam. Onder andere Geoffrey Madell[58] geeft echter goed aan dat het hier in de filosofie van de persoonlijke identiteit toch echt niet om kan gaan. Het gaat niet om de 'empiristische' vraag hoe men met meer of minder zekerheid kan vaststellen of iemand die of die is, maar om de *ontologische* vraag wat constant moet blijven wil men spreken van ontologische identiteit van een persoon op verschillende tijdstippen. Madell toont aan dat noch lichamelijke noch geestelijke kenmerken noodzakelijk, laat staan voldoende zouden zijn als basis voor die identiteit.

Stel je twee hypothetische gevallen voor. In geval 1 hebben twee verschillende personen alle psychische kenmerken en hun uiterlijk met elkaar gemeen. In geval 2 heeft hetzelfde subject op moment a geheel verschillende psychische eigenschappen en een in belangrijke opzichten ander lichaam (laten we zeggen ten gevolge van een operatie in verband met transseksualiteit) dan op moment b. Als we nu de empiristische benadering zouden mogen geloven, zouden (zonder bewijzen voor de uitgevoerde operatie van geval 2) de twee verschillende

---

het geheel geen sprake van een samengesteld 'mensje' met dezelfde eigenschappen als het menselijke organisme maar van een onreduceerbaar, substantieel subject. Een subject dat je mijns inziens eenvoudig moet erkennen indien je meer wilt dan de kwestie van de verhouding tussen geest en persoon zomaar negeren (Rivas, 1992a, 1992b).

[58] Madell (1984).

personen van geval 1 meer in aanmerking komen voor identiteit dan de ene persoon op momenten a en b van geval 2. Dit is een onaanvaardbare conclusie. Er blijkt ook uit dat volgens de empiristische benadering identiteit primair iets relatiefs zou zijn waar wij toe beslissen *op basis van kenmerken*, in plaats van een primair, absoluut, *alles-of-niets* gegeven.

De enige aanvaardbare toetssteen voor de persoonlijke identiteit is dan ook de (niet verder reduceerbare oftewel onanalyseerbare) identiteit van het subject met zichzelf als subject; ik verander weliswaar voortdurend en zou zelfs de bewuste toegang tot mijn geheugen geheel kunnen verliezen, maar ik blijf het die steeds verandert en zich niets zou herinneren. De filosoof Österreich[59] zegt hierover dat het slechts van belang is in te zien dat "om werkelijk zelf wat beleefd te hebben, het toenmalige ik identiek moet zijn met het huidige".

De identiteit van een subject met zichzelf is dus iets onherleidbaars. Er zijn geen specifieke criteria voor te geven[60]. Volgens Immanuel Kant kan het daarom overigens best lijken alsof er door de tijd heen steeds één en hetzelfde subject blijft bestaan, terwijl dat zou kunnen berusten op een illusie. In werkelijkheid zou het best kunnen gaan om een aaneenschakeling van verschillende subjecten die steeds alleen maar denken dat wat ze zich lijken te herinneren van de ervaring van een vorig subject ook echt hun eigen herinnering is. Er is echter geen enkele reden om daar vanuit te gaan en bovendien is het niet in te zien waar een dergelijke opeenvolging van subjecten vandaan zou moeten komen[61]. Hoe dan ook tast ook Kants gedachte-experiment de onherleidbaarheid van de identiteit van een subject met zichzelf niet aan. We zijn onszelf, niet vanwege de een of andere reden buiten onszelf, maar omdat we niemand anders kunnen zijn.

Deze positie heet *personalisme*, hoewel dat woord verwarrend genoeg allerlei andere betekenissen kan hebben. In combinatie met het dualisme spreken we van *personalistisch dualisme*.

Naast personalistisch dualisme is volgens mijn analyse alleen personalistisch idealisme een houdbaar antwoord op de vraag naar de persoonlijke identiteit. Een (idealistische) panpsychistische visie op het subject is bijvoorbeeld

---

[59] Österreich (1910).

[60] Vergelijk: Lund (1994).

[61] Alleen als het subject voort zou kunnen komen uit een organisatie van de materie (een holistische positie die ik reeds in hoofdstuk 1 heb verworpen), zou deze ook de bron kunnen zijn van een reeks subjecten. Doch zelfs dan is het niet in te zien waarom een subject wel een minimale tijdspanne aanwezig blijft, maar niet voor langere tijd (Rivas, 1994, 2011b).

onhoudbaar als die een subject niet ziet als voorwaarde voor subjectiviteit, maar als het resultaat van een interactie van zelf reeds in een bepaalde mate subjectieve elementen. Anders gesteld, een dergelijk panpsychisme van bijvoorbeeld A.N. Whitehead is eerder verwant aan het impersonalistische boeddhisme dan aan het personalisme[62]. Het valt niet in te zien hoe een ervaring in welke mate ook subjectief kan zijn zonder dat er tegelijkertijd steeds een subject is van die ervaring[63]. Dit is overigens niet helemaal hetzelfde algemene argument tegen het panpsychisme als de kritiek van William James, zoals verwoord door Ilja Maso[64]: "James meende dat het onmogelijk was dat uit het bewustzijn van afzonderlijke atomen een bewustzijn zoals de mens dat bezit zou kunnen ontstaan." Het gaat mij er namelijk niet om dat een complex bewustzijn niet uit een primitief bewustzijn zou kunnen ontstaan, maar dat er *geen enkele* subjectiviteit kan zijn zonder subject.

Materialisten hebben moeite met het vraagstuk van de persoonlijke identiteit van het subject. Dat komt omdat de enige met succes verdedigbare posities – personalistisch dualisme en personalistisch idealisme – zowel het subject erkennen als het niet-fysieke karakter daarvan. Reductionistische en eliminatieve materialisten redeneren daarom het subject ofwel weg als niet meer dan een inhoudsloos concept, of ze proberen het te reduceren tot een soort 'zelfverwijzing'[65] van een zuiver fysiek systeem. Met andere woorden: tot een (kwantitatieve) voorstelling van het systeem zelf, zoals die in een computer kan bestaan.

Holisten doen alsof de door hen aangehangen intieme 'eenheid' van lichaam en geest juist op het punt van de persoonlijke identiteit gered moet worden: niet alleen al het geestelijke is 'lichamelijk', maar het subject zelf is dat ook. Voor deze opvallende positie zouden geen redenen gegeven hoeven te worden, zoals

---

[62] Het is ook niet verwonderlijk dat varianten van het panpsychisme kunnen worden ingedeeld bij de zogeheten proces-filosofische systemen die geen substanties in de ontologische zin erkennen maar uitsluitend uitgaan van processen of gebeurtenissen (events) als de bouwstenen van de realiteit. Daartegenover staat echter dat David Ray Griffin (1997) zijn variant van 'panexperientialism' juist koppelt aan een concept van overleven van de lichamelijke dood.

[63] Impersonalistische boeddhisten stellen overigens dat het subject op een zelfde manier afhankelijk is van subjectieve ervaringen als andersom. Dit is incorrect, omdat een concreet subject een oneindig aantal verschillend concrete subjectieve ervaringen kan hebben, wat aantoont dat de verhouding zeer asymmetrisch moet zijn.

[64] Maso (1997), blz. 221, voetnoot 128.

[65] Zie bijvoorbeeld: Hofstadter en Dennett (1981).

we al eerder hebben gezien, want de waarheid ervan zou *vanzelfsprekend* zijn. Stromingen die dit mensbeeld ter discussie stellen zouden vervreemdend en soms zelfs 'pervers' gevonden moeten worden volgens bepaalde holisten. Zoals we al gezien hebben in het eerste hoofdstuk zijn in mijn visie zowel reductionistisch als holistisch materialisme bij voorbaat onhoudbaar. Het heeft dan ook weinig zin om ons hier nader te verdiepen in de specifieke posities van de aanhangers ervan bij allerlei specifieke subkwesties zoals dit vraagstuk van de persoonlijke identiteit.

Persoon en persoonlijkheid

Een volgende vraag luidt: Hoe verhoudt de persoon in de zin van het subject zich tot haar persoonlijkheid? Om die vraag te kunnen beantwoorden moeten we eerst weten wat we daarbij verstaan onder 'persoonlijkheid'. Over het algemeen bedoel ik daar zelf mee: een geestelijk complex van iemands redelijk stabiele blijvende gevoelens, neigingen, talenten, zwakheden, verlangens, attitudes, verwachtingen, herinneringen en opvattingen. Anders gezegd dus: de *structuur* van diens ziel of geest. De 'persoonlijkheid' is het overkoepelende psychologische patroon van waaruit iemand geestelijk leeft.

Nu is er meestal geen sprake van één enkele, eenduidige psychologische structuur. Daarentegen kennen mensen vaak diverse structuren naast elkaar die zij hebben ontwikkeld om in verschillende situaties te functioneren. Iemand gedraagt zich in zijn functie als kantoormedewerker bijvoorbeeld vaak heel anders dan in zijn rol als vader. Zolang deze actieve structuren allemaal bewust toegankelijk zijn, spreken we echter toch van een en dezelfde 'persoonlijkheid'. Daarnaast kunnen er nog allerlei oude structuren uit onze jeugd aanwezig zijn in ons geheugen terwijl deze in de huidige periode van ons leven doorgaans niet actief zijn.

Bij sommige mensen kan er echter een scheiding oftewel 'dissociatie' plaatsvinden binnen de geestelijke structuur die ertoe leidt dat een en hetzelfde subject *in dezelfde periode* psychisch actief is in verschillende persoonlijkheidsstructuren tegelijkertijd, maar zonder dat zelf te beseffen. Dat betekent dat de persoon zich in haar normale oftewel primaire persoonlijkheid niet bewust is van het bestaan van andere secundaire subpersoonlijkheden binnen zichzelf. Dit verschijnsel staat bekend als meervoudige persoonlijkheidsstoornis (MPS) of 'multiple personality (disorder)' en wordt voor zover bekend veroorzaakt door psychotrauma's[66]. Het subject probeert zijn

---

[66] Braude (1995).

trauma's onbewust de baas te worden door verschillende rollen aan te nemen.

Meervoudige persoonlijkheid wil dus niet zeggen dat er meerdere subjecten tegelijkertijd ontstaan, maar slechts meerdere persoonlijkheidsstructuren van één en hetzelfde subject. De persoon die leeft in die verschillende persoonlijkheden is met andere woorden steeds dezelfde.

Daarnaast is er volgens diverse onderzoekers aangetoond dat er via een neurologische operatie een enigszins vergelijkbare scheiding kan optreden. Het gaat om een ingreep bij epileptische patiënten waarbij men het corpus callosum (de hersenbalk) die de twee hersenhelften met elkaar verbindt doorsnijdt om het optreden van epileptische insulten te verminderen. In het dagelijks leven lijken de genoemde patiënten meestal volledig normaal te functioneren. Maar in bepaalde experimenten, waarbij zorgvuldig werd vermeden dat er informatie van de ene hersenhelft via aanwijzingen de andere hersenhelft zou bereiken, werd neuropsychologisch een grote functionele scheiding waargenomen waarbij de hersenhelften ieder afzonderlijk informatie leken te verwerken[67].
Een voorbeeld: Elke hersenhelft oftewel hemisfeer kreeg (via het ermee corresponderende oog, dus bij de linkerhersenhelft het rechteroog en vice versa) een andere afbeelding voorgeschoteld die verband hield met een van vier afbeeldingen, geplaatst voor de patiënt. De twee handen van de patiënt kozen ieder afzonderlijk een andere afbeelding die overeenkwam met de aangeboden afbeeldingen. Vervolgens vroeg men de patiënt waarom de linkerhand (corresponderend met de rechterhemisfeer) de afbeelding gekozen had. De patiënt leek geen bewuste informatie te hebben van de afbeelding die men de rechterhersenhelft had aangeboden en verzon een hypothese waarbij hij de afbeelding kunstmatig in verband bracht met de afbeelding die de linkerhemisfeer aangeboden had gekregen. De patiënt reageert motorisch dus op beide afbeeldingen maar lijkt zich alleen bewust te zijn van de rechterafbeelding terwijl die wordt aangeboden aan de hersenhelft die verband lijkt te houden met het menselijke taalvermogen.

Theoretici hebben dit onder meer geduid als een bewijs voor de emergentie-materialistische stelling dat het subject door de hersenen gecreëerd wordt, aangezien het soms net lijkt alsof er zich twee personen (dus twee subjecten) in de schedel bevinden. De linkerhemisfeer zou volgens hen normaliter gekoppeld zijn aan een subject met normale taalvermogens. En de rechterhemisfeer zou een tweede subject bevatten dat zich vooral non-verbaal zou uiten.

---

[67] Rivas (1994).

Donald MacKay[68], één van de experimentatoren op dit gebied, geeft echter aan dat er echt geen doorslaggevende reden is om de data aldus te verklaren. Hij wijst ten eerste op de mate waarin normale mensen taken zonder bewustzijn kunnen verrichten. Denk wat dit betreft maar eens aan iemand die zomaar wat krabbelt met een pen terwijl zij tegelijkertijd een indringend gesprek voert met iemand anders. Ten tweede zijn we ons er ook bij normaal functioneren natuurlijk niet voortdurend van bewust wanneer er iets in onze hersenen gebeurt. Hij citeert dan ook een patiënt die meer dan eens opmerkte: "Proberen jullie soms twee mensen van mij te maken?".

Derek Parfit[69] is het niet met MacKay eens. Hij redeneert als volgt: Als iemands 'dominante' hersenhelft – in een andere context – is vernietigd, is de persoon nog steeds een bewust subject. Waarom zouden we dan de twee bij split-brain aangetroffen neurologisch onafhankelijke functionerende hersenhelften niet ook allebei een afzonderlijk subjectief bewustzijn toekennen? Hij vergeet echter iets: Bij de patiënten met één hersenhelft zijn er slechts twee logische mogelijkheden; ófwel de overgebleven hersenhelft is verbonden met subjectief bewustzijn of zij is dat niet. Bij de split-brain patiënten is daar geen sprake van. Daarbij kan, als men de zojuist behandelde ontologie buiten de deur houdt, (a) elke hersenhelft afzonderlijk, (b) alleen de subdominante (dat wil zeggen: de normaal niet dominante hersenhelft), (c) alleen de dominante, en (d) geen van beide met bewustzijn verbonden zijn. De evidente keuze bij de verwijdering van een hersenhelft verliest dus alle evidentie als men haar toepast op de split-brain gevallen toe.

René Marres[70] is eveneens een voorstander van de 'twee geesten'-hypothese bij split-brain gevallen. Hij verwerpt expliciet de 'monadische' these dat er slechts één 'stream of consciousness' is en dat de overige processen onbewust blijven, omdat hij meent dat er voor de prestaties die beide hersenhelften leveren complexe bewuste denkprocessen nodig zijn. Marres ziet echter over het hoofd dat veel van onze 'intelligente' denkprocessen zich normaal al op onbewust niveau moeten afspelen. Denk wat dit betreft bijvoorbeeld maar aan plotselinge, scherpe inzichten die uit het 'onbewuste' kunnen opstijgen. Ik zeg niet dat dit exact dezelfde processen zijn als bij split-brain experimenten, maar het bestaan van dergelijke fenomenen toont in ieder geval wel aan dat het zeker mogelijk is dat de daarbij optredende complexe processen volledig onbewust blijven.

---

[68] In Blakemore & Greenfield (1987).
[69] Ibidem.
[70] Marres (1991).

We zitten dus met de volgende situatie. Door het privé-karakter van bewustzijn kunnen we natuurlijk nooit, zoals MacKay inziet, empirisch vaststellen of het bewustzijn evenals de hersenen 'gesplitst' wordt[71].

De ontologische analyse biedt hier echter uitkomst. Zij laat zien dat het onmogelijk is dat de persoon als subject als fysiek verschijnsel[72] voortgebracht wordt binnen de fysieke wereld en dus ook dat het vernietigd of 'gesplitst' wordt door een materieel proces als het doorsnijden van het corpus callosum. De activiteiten verbonden met één van de hersenhelften kunnen daarom niet anders dan onbewust zijn[73]. Er is trouwens een fenomeen dat hier sterk op lijkt,

---

[71] Er kunnen nooit doorslaggevende empirische bewijzen worden geleverd waaruit zou blijken dat ook het gedrag vanuit de subdominante (rechter)hersenhelft gekoppeld is aan bewustzijn. Van alle handelingen, hoe complex en intelligent ook, is het namelijk in principe denkbaar dat ze onbewust verlopen. Het punt is bovendien dat er binnen het dualisme geen logisch maar alleen een feitelijk verband kan bestaan tussen hersenprocessen en psychische processen. Het is dus altijd mogelijk dat een bepaalde neurologische verandering merkwaardige geestelijke gevolgen heeft en ook vice versa (zie hoofdstuk 4). In het geval van het split-brain onderzoek zou men een feitelijke wetmatigheid op het spoor kunnen komen die het volgende behelst. Ten eerste dat er bij een doorgesneden corpus callosum bepaalde informatie die via de rechterhersenhelft binnenkomt wel de psyche bereikt, maar alleen op onbewust niveau. Ten tweede dat vervolgens de psyche deze informatie ook alleen onbewust verwerkt en er ook alleen onbewust op reageert, daarbij gebruikmakend van het motorisch apparaat gekoppeld aan de hemisfeer via welke de informatie onbewust met haar in contact is gekomen. Er zou dus ook een wetmatige link moeten zijn in dit soort gevallen tussen de plaats waar bepaalde informatie in contact komt met de ziel en de plaats van waaruit de ziel een deel van het lichaam onbewust motorisch stuurt. Dit alles is niet mysterieuzer dan andere, alledaagsere gevallen waarin de psyche beïnvloed wordt door het brein (of vice versa). Zie: Rivas (1993a) en paragraaf 6.4. Interactie tussen lichaam (of ruimer materie) en geest is per definitie 'verrassend', omdat men haar niet logisch kan afleiden van andere principes.

[72] Zie paragraaf 1.4. Karl Popper hangt een positie aan die men kan aanduiden als semi-substantialisme. Net als de emergentie-materialisten gaat hij ervan uit dat de geest wordt gecreëerd door de hersenen. Niet binnen die hersenen zelf (hij erkent dat holisme in die zin incoherent is), maar als apart geestelijk domein dat invloed zou uitoefenen op het brein. Deze theorie dat de materie uit het niets een geest buiten zichzelf creëert, is a priori echter nog onaannemelijker dan de emergentie-materialistische positie, aangezien het emergentie-dualisme de materie een soort goddelijke scheppingskracht toeschrijft (Ramesvara, 1984). Als een soort theïstische godheid zou het brein een wezen scheppen dat eigenschappen bezit die het brein zelf totaal zou ontberen. Van een theïstische scheppergod zou men dat wellicht nog kunnen aannemen, maar toch niet van een ziel-loze materie.

[73] Biologisch psycholoog Bob Bermond erkent overigens dat de 'persoonlijkheid' – zoals hij het noemt – die verbonden is aan de rechterhemisfeer "grotendeels onbewust en automatisch" functioneert (1993, blz. 44). Vergelijk: Stokes (1993), blz. 69: "Veel soorten psychologisch bewijsmateriaal [...] laten zien dat de menselijke geest in hoge mate in staat is een gesofistikeerde mentale activiteit te voltrekken buiten het bewustzijn [...], waaronder

namelijk het zogeheten 'blindsight'[74]. Sommige mensen blijken wel visuele prikkels te verwerken en daar op te reageren maar zonder dat ze (subjectief) ook echt iets zien. Iets dergelijks zal er nu ook aan de hand zijn bij het fenomeen van de split-brain patiënten. Het resultaat van bepaalde onbewuste processen wordt door neurologische ingrepen of laesies kennelijk ontoegankelijk gemaakt voor de bewuste geest. Maar dat is totaal iets anders dan dat de geest zelf in twee subjecten gesplitst zou worden! Naast MacKay vertegenwoordigen in ieder geval ook Springer en Deutsch[75], Robinson[76], en Bayne en Chalmers[77] deze visie.

Een doorslaggevend rationeel argument tegen de mogelijkheid dat het subjectieve bewustzijn bij normale personen domweg een product zou zijn van één hemisfeer of de beide hersenhelften tezamen, is tenslotte nog geleverd door Moncrieff[78]. Hij bespreekt de eenheid van visuele beelden tijdens het normale zien, waarbij beide ogen betrokken zijn. De visuele informatie van de beide hersenhelften zou volgens de (holistische) materialisten voldoende zijn om de eenheid van de geestelijke beelden te verklaren. Moncrieff wijst erop dat een neurale stroom van informatie door ontelbare zenuwcellen in beide hemisferen echter *helemaal niets* verklaart van de eenheid. Er is juist een toename in complexiteit en meervoudigheid, aangezien er meer neuronen en synapsen[79] bij betrokken zijn dan bij slechts één hemisfeer. Allesbehalve de integratie dus die materialistische neurologen postuleren om de eenheid van het visuele bewustzijn te verklaren. Moncrieff stelt dan ook dat alleen een geestelijk proces verantwoordelijk kan zijn voor de ervaren eenheid en dat de hersenen onmogelijk alleen het visuele bewustzijn kunnen creëren. In zijn eigen woorden: "Er kan gesteld worden dat er geen bevredigende verklaring van deze (visuele) integratie verwacht kan worden die alleen maar zou uitgaan van de fysieke kant."

De persoonlijkheid van het subject kan gefragmenteerd zijn door psychologische factoren en naar het zich laat aanzien ten dele ook onbewust worden gemaakt door fysieke factoren. Dat wil echter alleen maar zeggen dat de persoonlijkheid beïnvloed kan worden door interne processen in de ziel zelf en tevens door

---

het begrijpen en vormen van zinnen en complexe motorische handelingen."

[74] Goldenberg, Müllbacher en Nowak (1995).

[75] Springer en Deutsch (1989).

[76] Robinson (1982).

[77] Bayne en Chalmers (ongedateerd).

[78] Moncrieff (1973).

[79] Synapsen zijn punten waarop zenuwcellen bij elkaar komen en met elkaar 'communiceren'.

interactie met de hersenen.

Identiteit en continuïteit

De persoonlijkheid of persoonlijkheden van een persoon zijn geen structuren die er altijd geweest zijn. Ze hebben zich in de loop der tijd gevormd en zullen ook in de toekomst nog veranderen. Er is in feite nooit volledige identiteit tussen de persoonlijkheid die iemand een jaar geleden had en de persoonlijkheid die hij nu heeft. Er is in dat jaar immers van alles gebeurd dat het geheugen en dus ook de persoonlijkheidsstructuur die daarvan afhankelijk is, heeft beïnvloed. In plaats daarvan is er continuïteit tussen de persoonlijkheid die men vroeger had en die men nu heeft en ook tussen de persoonlijkheid die men nu heeft en die men in de toekomst zal hebben. Alleen bij meervoudige persoonlijkheid wordt die continuïteit in een bepaalde mate verstoord, zodat het wenselijk kan zijn om de persoonlijkheden te integreren of herenigen in één enkele persoonlijkheid.

Theosofen hebben op basis van tradities binnen de oosterse filosofie het begrip *individualiteit* geïntroduceerd[80]. Dit zou een soort psychologische structuur zijn die verschillende persoonlijkheden overleeft. Het probleem met dit concept is echter dat het in een impersonalistische (althans niet-personalistische) zin gebruikt kan worden. Het concept wordt dan in feite gebruikt ter vervanging van het begrip 'persoon' of 'subject'. In verband met reïncarnatie wordt dan wel eens gesteld dat een individualiteit in verschillende levens ook verschillende persoonlijkheden kent. Die verschillende persoonlijkheden zouden dus geen persoonlijkheden zijn van hetzelfde subject, maar slechts onpersoonlijke structuren binnen een overkoepelende, eveneens onpersoonlijke psychologische structuur. Dat leidt tot merkwaardige uitspraken als: "deze persoonlijkheid herinnert zich dingen van een vorige persoonlijkheid", terwijl het zou moeten zijn: "deze persoon herinnert zich in haar huidige persoonlijkheid dingen van haar vroegere persoonlijkheid." Of nog beter: "deze persoon herinnert zich dingen uit een ver verleden", want alleen bij meervoudige persoonlijkheid is het nodig om werkelijk te spreken van verschillende persoonlijkheden van dezelfde persoon. Terwijl het daarbuiten mogelijk blijft om te praten over dezelfde persoonlijkheid die zich gedurende verschillende perioden (bijvoorbeeld diverse aardse levens) ontwikkelt. Het individualiteitsconcept mag dus verhelderend werken voor impersonalisten, maar het blijkt gewoon overbodig voor personalisten.

In welke zin blijft een persoon nu hetzelfde in de loop der tijd? In principe blijft

---

[80] Zie: Stevenson (1987).

een persoon slechts in één opzicht altijd hetzelfde, namelijk in die zin dat hij altijd *dezelfde (persoon)* blijft, dat wil zeggen: dit subject en geen ander subject. Wat betreft zijn persoonlijkheid is het echter denkbaar dat de persoon in de loop der tijd totaal verandert, niet zo dat die persoonlijkheid niet continu zou zijn met de toekomstige persoonlijkheid, maar in die zin dat de psychologische structuur fundamenteel gewijzigd wordt.

Samenvattend kunnen we daarom zeggen dat een persoon altijd *dezelfde* blijft, maar psychologisch niet per se *hetzelfde*. Dit staat vanzelfsprekend haaks op het impersonalistische credo dat iemand juist nooit dezelfde blijft, hoewel hij misschien in bepaalde opzichten wel hetzelfde blijft.

De persoonlijkheid van een persoon is een historische structuur met een verleden, heden en toekomst. Het is een geestelijke structuur waarbinnen het subject leeft en streeft. Dit maakt dat we met hedendaagse filosofische antropologen moeten instemmen wanneer deze benadrukken dat ons geestelijk leven een zogeheten *historiciteit* kent[81], dat wil zeggen dat we te maken hebben met een continue persoonlijke geestelijke geschiedenis.

Persoon en Ego

Sommige filosofen hebben zich tegen het personalisme gekeerd omdat dit uiteindelijk zou voeren tot egoïsme. Daarbij stellen ze het subject impliciet gelijk aan wat het 'ego' genoemd wordt. Nu is deze term zeer meerduidig.
Bij iemand als Freud valt 'ego' inderdaad gedeeltelijk samen met het bewuste subject. Maar vaker wordt er iets heel anders mee bedoeld, namelijk een opgeblazen beeld dat iemand van zichzelf kan hebben, waardoor hij zich beter en belangrijker kan voelen dan anderen. Het gaat dan dus niet om het subject zelf maar om een *beeld* dat het subject van zichzelf heeft en dat het probeert te bevestigen en versterken, dikwijls ten koste van anderen. Dit 'ego-istische' proces wordt door diverse spirituele stromingen aangewezen als het centrale probleem binnen de menselijke conditie. Het zou leiden tot pijn, verdriet, onrecht, scheiding, oorlog, et cetera, kortweg tot bijna alle aardse ellende. Impersonalisten gaan vanzelfsprekend het verst in deze diagnose, omdat ze immers menen dat er helemaal geen subject bestaat zodat het hebben van een ego (een zelfbeeld) op zichzelf al neerkomt op het koesteren van een gigantische illusie[82]. Het personalisme kan hier niet mee instemmen omdat het per definitie uitgaat van een subject en dus inziet dat het hebben van een ego, in de zin van

---

[81] Zie bijvoorbeeld: Theo de Boer (1980).
[82] Tsongkapa (1999).

43

een beeld van zichzelf, onvermijdelijk is. Het probleem ligt voor de personalist dus totaal anders dan voor de impersonalist. We dienen als personalisten het ego niet 'uit te doven' of te inzien dat het illusoir zou zijn, maar we moeten komen tot een *realistisch, waarachtig* en *rechtvaardig* ego (zelfbeeld).

Dit betekent dat we niet het onmisbare ego maar een asociaal en irreëel soort egocentrisme dienen op te geven. We moeten met name leren inzien dat we niet het enige bestaande subject zijn en rekening leren houden met het perspectief en de belangen van anderen. Het egocentrisme moet vervangen worden door een personalistisch 'polycentrisme' dat erkent dat er meerdere subjecten zijn[83].

2.5. Onsterfelijkheid

We hebben gezien dat een persoon, een subject, geen fysieke entiteit kan zijn. We hebben ook gezien dat indien iemand ooit iets meegemaakt wil hebben, hij nu hetzelfde subject moet zijn als hij toen was. Dat geldt echter niet alleen voor het verre verleden maar ook voor elke ervaring in het verleden zelf. Ervaringen duren namelijk altijd langer dan nul tijdeenheden. Er zit dus in zekere zin altijd een tijdspanne aan een ervaring vast. Wil het subject überhaupt welke minimale ervaring ook hebben, moet het dus binnen dat tijdsbestek zichzelf gelijk blijven. Er is daarmee in het geval van subjectiviteit noodzakelijkerwijs altijd een subject dat zichzelf (dezelfde persoon) blijft omdat er anders geen enkele ervaring mogelijk zou zijn!

Het subject als subject kan niet verklaard worden vanuit iets lichamelijks. Natuurlijk geldt dat ook al voor alle subjectieve ervaringen van een subject. Maar die subjectieve ervaringen kunnen in bepaalde gevallen mede veroorzaakt worden door neurologische activiteit, zoals in het geval van fysieke pijn. Het gaat daarbij om psychologische processen die veroorzaakt of opgewekt worden door fysieke *processen*. Alle externe causaliteit komt overigens neer op de invloed van een verandering binnen een object of subject op een verandering binnen een ander object of subject. Onveranderlijkheid (niet te verwarren met het tijdelijk uitblijven van veranderingen) wordt echter nou juist *niet* veroorzaakt. Het subject als subject verandert niet, het is in de metafysische zin een zogeheten 'substantie' in de betekenis van: iets dat zichzelf als zodanig, 'essentieel' gelijk blijft[84]. *Daarbinnen*, in de persoonlijkheid of geest van het subject kunnen zich wel veranderingen voordoen, maar het blijft zoals ik eerder

---

[83] Vergelijk: Levinas (1994), Nuber (1993).
[84] Bolzano (1970).

44

zei steeds gaan om *dezelfde* ontologische substantie[85].

Het lichaam verandert voortdurend en is 'slechts' een tijdelijke structuur in de fysieke wereld. Het lichaam staat in wisselwerking met de geest en kan de veranderlijke persoonlijkheid beïnvloeden. Het kan echter geen invloed uitoefenen op het onveranderlijke subject *als subject*[86]. Dat heeft een belangrijke consequentie: het bestaan van het lichaam is volgens het personalistische dualisme niet wezenlijk relevant voor het bestaan voor het subject als subject. De persoon als subject is een permanente entiteit die als zodanig onafhankelijk is van haar lichaam[87]. Het is daarom ook incoherent om te denken dat de persoon er nog niet geweest zou zijn voor het huidige lichaam was ontstaan. En het is al even onhoudbaar om uit te gaan van de vernietiging van de persoon na de dood. Het subject als subject is niet ontstaan uit iets anders, zodat zijn overleving na de fysieke dood gewaarborgd is.

Al vele eeuwen geleden zagen zowel westerse als oosterse personalisten in dat de persoonlijke ziel als subject onsterfelijk moet zijn. Het werd onder meer erkend door Plotinus[88], Augustinus, Descartes, en Leibniz. Bernhard Bolzano[89] wijdde er zijn belangrijke verhandeling "Athanasia oder Gründe für die Unsterblichkeit der Seele" aan. In India was het onder meer van belang in de stroming van het Logisch Realisme van de zogeheten Nyaya-school[90].

---

[85] Overigens kunnen niet alleen de concrete indrukken, gedachten, gevoelens of herinneringen, maar ook de bewustzijnstoestanden waarin een subject verkeert sterk van elkaar verschillen zonder dat het daarom opeens om een ander subject zou gaan. Zelfs de droomloze slaap vormt geen argument tegen de permanentie van het subject. Een subject zonder subjectiviteit kan men zich zo voorstellen dat het alleen onbewuste processen kent en verder de potentie houdt om weer bij bewustzijn te komen. Een werkelijk droomloze slaap of totale bewusteloosheid is trouwens niet empirisch aantoonbaar. Alleen het subject zelf zou immers in principe kunnen melden of het bewusteloos is of niet, maar zodra het volledig buiten bewustzijn raakt kan het dat zelf niet meer bewust melden. Andersom geldt echter niet dat het ontbreken van het melden van bewustzijn gelijkstaat aan het ontbreken daarvan, aangezien er net zo goed alleen sprake kan zijn van een onvermogen om te communiceren.

[86] Karl Popper (1977) probeert in "The Self and its Brain" zoals eerder vermeld een 'semi-substantialistische' emergentie-dualistische verklaring van het bestaan van het substantiële subject te geven. Het woord 'semi-substantialistisch' geeft al aan dat hij er zich van bewust is dat hij hier niet afdoende in geslaagd is. Dat geldt overigens voor al dergelijke pogingen, inclusief die van David Chalmers.

[87] Rivas (1994, 1996).

[88] In zijn Enneaden, zie: Mac Kenna (1962).

[89] Bolzano (1970).

[90] Radhakrishnan (1977).

Het logisch realisme

In tegenstelling tot wat men in het Westen wel eens denkt onder invloed van de New Age en voorgangers daarvan zoals theosofie, is de Indiase filosofie geen monolithische stroming. Integendeel, de Indiërs hebben altijd een zeer rijke en originele filosofische traditie gekend met veel verschillende stromingen. Een minder bekende stroming is die van het logisch realisme van de Nyaya. Men zou deze kunnen vergelijken met moderne Westerse stromingen zoals het rationalisme.

In tegenstelling tot hoofdstromingen binnen de hindoe-filosofie was de Nyaya pluralistisch georiënteerd. Het ging uit van een veelheid van persoonlijke zielen, die substantieel zijn, in die zin dat ze zichzelf als zodanig gelijk blijven en niet gereduceerd kunnen worden tot iets anders. Dus bijvoorbeeld ook niet tot een overkoepelende godheid. Dit logisch realisme vormt het bewijs dat de concepten van individualisme en personalisme geen specifieke 'perversie' van de Westerse geest kunnen zijn, maar evenzeer zijn voorgekomen in het 'mystieke' India. Radhakrishnan[91] zegt over het logische realisme onder andere het volgende (blz. 147): "Het is de ziel die eenheid verleent aan de verschillende soorten ervaringen. Het oog kan geen geluiden horen en het oor kan geen beelden zien, en het besef dat ik die nu iets zie er ook over gehoord heeft kan niet optreden tenzij de ziel verschillend is van de zintuigen en deze overstijgt. Als werktuigen, impliceren de zintuigen een actor [een handelende persoon] die ze gebruikt. Omdat ze slechts voortbrengselen van materie zijn, kunnen ze niet bewust zijn." En: "Het zelf is de waarnemer van alles dat pijn en genot veroorzaakt, de ervaarder van alle vormen van pijn en genot, en de kenner van alle dingen."

Op basis van het voorgaande geeft Radhakrishnan de Nyaya-formulering van het substantialistische argument als volgt weer: "De ziel kent geen delen en is eeuwig. Het heeft geen begin of einde. De ziel is uniek in elk individu" (blz. 148).

We zien dus dat de eenheid van de ziel die een veelheid van ervaringen omvat, leidt tot de conclusie dat die ziel substantieel is, onreduceerbaar tot een bundeling van delen. Die substantialiteit impliceert vervolgens eeuwigheid (onverwoestbaarheid) en uniciteit. Iets wat onreduceerbaar is, kun je namelijk niet terugvoeren tot iets anders zoals een godheid. Overal waar dus sprake is van een subject (zelf), is tegelijk sprake van een uniek subject. Zie daar de kern van het personalisme: Het zelf laat zich niet reduceren tot een al-zelf, maar is persoonlijk. Zoals ik al zei, staat deze positie in schril contrast met het populaire beeld van de Indiase filosofie als volledig anti-personalistische traditie. Hoewel

---

[91] Radhakrishnan (1977).

enkele invloedrijke stromingen, zoals de Advaita Vedanta, in ultieme zin niet personalistisch zijn, is het een misvatting dat 'de' Indiase filosofie per se een afwijzen van de eeuwigheid van het 'kleine' zelf voorstaat. Er bestaat geen eenduidige Indiase filosofie, maar net als in het Westen alleen een veelheid aan posities.

Plotinus

Plotinus baseerde zich in zijn Enneaden voor een deel op Plato, maar hij ontwikkelde toch ook eigen gedachten. Bij Plato zelf zou het substantialistisch argument voor onsterfelijkheid volgens sommige bronnen reeds terug te vinden zijn (de eenheid van het bewustzijn was hem in ieder geval al bekend[92] , maar laten we eens kijken naar de uitgebreide formulering van Plotinus[93].

In zijn Enneaden, boek 4, hoofdstuk 7, over de onsterfelijkheid van de ziel vinden we in paragraaf 6 het volgende: "Het is eenvoudig om aan te tonen dat indien de ziel een lichamelijke entiteit was, er geen zintuiglijke waarneming kon zijn, geen mentale handeling, geen kennis, geen morele voortreffelijkheid, niets van al hetgeen nobel is.
Er kan geen waarneming zijn zonder een waarnemer die een eenheid vormt en wiens identiteit het hem mogelijk maakt een voorwerp op te vatten als een geheel.(...) Wanneer het gezicht en gehoor hun verschillende soorten informatie verzamelen, moet er een of andere centrale eenheid bestaan waaraan ze allebei verslag uitbrengen. (...) Ofwel het voorwerp wordt tot een eenheid gemaakt of – als we er vanuit gaan dat het een bepaalde hoeveelheid en uitgebreidheid bezit – het centrum van bewustzijn moet er punt voor punt mee samenvallen zodat willekeurig welk punt van bewustzijn ook alleen waarneemt wat ermee samenvalt in het voorwerp: en op die manier zou niets in ons welk ding dan ook als een geheel waarnemen."

Vervolgens zegt Plotinus in paragraaf 7 iets over pijn: "We komen tot dezelfde uitkomst door het gevoel van pijn te onderzoeken. We zeggen dat er pijn in de vinger is: de bron van de pijn is ongetwijfeld gelokaliseerd in de vinger, maar onze tegenstanders moeten toegeven dat de sensatie van de pijn zich in het centrum van bewustzijn bevindt. (...) Daarom moeten we als de ervaarder iets postuleren wat identiek aan zichzelf is op willekeurig welk punt ook; deze eigenschap kan alleen toekomen aan een entiteit die verschilt van het lichaam." Op een vergelijkbare manier redeneert hij over het intellect en de morele

---

[92] Zie: Goetz & Taliaferro (2011), blz. 18.
[93] Mac Kenna (1962).

kwaliteiten van de ziel. Plotinus heeft indirect, via elementen van het neoplatonisme bij Augustinus en anderen, een aanzienlijke invloed uitgeoefend op de christelijke filosofie.

In de middeleeuwse traditie is zijn betoog bekend gebleven onder verscheidene benamingen, zoals het argument van de ondeelbaarheid of enkelvoudigheid van de ziel.

Bernhard Bolzano

Het argument van de ondeelbaarheid van de ziel ziet men na Plotinus bij allerlei denkers, zowel in de Middeleeuwen als daarna. Filosofen als René Descartes, Leibniz en Wolff hebben het in de moderne tijd verdedigd.

Immanuel Kant meende nu dat hij in zijn *Kritik der reinen Vernunft* definitief had afgerekend met de bewijskracht van de substantialistische argumentatie, afkomstig van Plotinus. Hij beweerde dat de mens nooit kennis kon krijgen over de werkelijkheid zoals die op zichzelf – objectief – is, en dus ook geen objectieve kennis over zichzelf. Als er al een ziel is, dan is die niet toegankelijk voor ons beperkte mensenverstand. Over het 'bovenzinnelijke' valt volgens Kant rationeel niets vast te stellen. Het is daarom des te interessanter om te zien dat degene die het substantialistische argument in de Westerse filosofie in ere wilde herstellen, zijn werk publiceerde *na* het verschijnen van Kants Kritik der reinen Vernunft. Het gaat om Bernhard Bolzano, buiten de systematische filosofie voornamelijk bekend geworden vanwege prestaties op het gebied van de wiskunde en logica. Hij schreef in de eerste helft van de 19e eeuw een lijvig boek, waarin hij waarschijnlijk grondiger dan alle voorgangers het substantialistische argument voor persoonlijke onsterfelijkheid uiteenzette.

Bolzano richt zich al voorin het boek tegen Kant en stelt dat deze zichzelf eigenlijk weerlegt. Hij heeft daar volgens mij gelijk in. Kant beweert dat we slechts de schijn van ons bewustzijn kunnen kennen, en nooit het wezen. Maar Kant vergeet daarbij dat we bij het bewustzijn a priori geen onderscheid kunnen maken tussen schijn en wezen. Het bewustzijn is nu juist het medium van de schijn, het veld waarbinnen dingen aan ons verschijnen. En het is dus onhoudbaar dat we dat bewustzijn zoals het werkelijk is niet zouden kennen. Het bewustzijn is zoals het *verschijnt*, in tegenstelling tot de buitenwereld. Het is daarom diep treurig als men meent dat na Immanuel Kant analytische bewijsvoeringen rond persoonlijke onsterfelijkheid voortaan geen zin meer hebben.

Laten we nu ook eens bij Bolzano lezen wat hij in verband met het substantialistische argument zegt. We doen dat extra uitgebreid, in stappen, omdat Bolzano erin slaagt zijn betoog heel duidelijk over te brengen.

a) De soorten zijnden

"Alles wat is, dat wil zeggen: werkelijk bestaat, ofwel voor altijd of slechts voor een bepaalde tijd, behoort tot één van de volgende twee soorten: het is en bestaat ofwel aan iets anders, als eigenschap daarvan, of het is niet slechts een eigenschap aan iets anders, maar bestaat, zoals men pleegt te zeggen, voor zichzelf (...) De werkelijkheden van de eerste soort plegen de geleerden met een Latijns woord ook wel 'adhaerentiae', die van de laatste echter 'substantiae' te noemen" (blz. 21).

"Als er ook maar één zijnde bestaat dat werkelijk bestaat, dan moet er ook tenminste één of verscheidene substanties bestaan. Want iets wat werkelijk bestaat, wat geen substantie is, moet een adhaerentie zijn, dat wil zeggen: een eigenschap, en duidt bij voorbaat op het werkelijk bestaan van nog iets anders, waaraan het zelf bestaat" (blz. 22).

b) Het ik

"Een voorstelling kan duidelijk niet bestaan, zonder dat iemand, in wiens gemoed zij zich voordoet, zou bestaan; en op dezelfde manier duidt ook iedere gewaarwording op iemand die haar heeft; enzovoort." (blz. 26).

"Uit het voorgaande volgt dat er één of meer substanties moeten bestaan, waarop zich onze voorstellingen, gewaarwordingen enz. betrekken, namelijk als op het object waaraan zij zich eigenlijk voordoen. Dit nu is het, wat wij onder Ik in de strengste betekenis van het woord verstaan, en ook wel Ziel of Geest noemen" (blz. 26).

c) Het ik is geen bundeling van substanties

"Als men de zaak zeer oppervlakkig beschouwt, zo zou men misschien kunnen geloven, dat de gedachten, gewaarwordingen, wensen en wilsbesluiten, die een mens heeft, hem ongeveer zo toebehoren, als de geur, de kleur en de overige eigenschappen, die we aan een bloem opmerken, de bloem toebehalle substantiesoren. Bij een bloem blijkt echter weldra, dat het niet één enkele substantie, maar een bundeling van zeer veel substanties is, die haar aangename geur, haar kleur en overige soortgelijke eigenschappen toegeschreven moeten worden. Niet de enkele deeltjes hebben al uit zichzelf kleur of geur, maar slechts uit de verbinding van meerdere delen ontspringen deze eigenschappen aan de bloem. Dat voert natuurlijk tot de vraag of ook niet ons ik, datgene, waaraan ons denken, voelen enz. eigenlijk toebehoort, een constructie uit meerdere substanties is?" (blz. 26-27).

"Enig nadenken toont aan, dat niet eens de bundeling van alle substanties waaruit ons lichaam bestaat, tot ons ik behoort. Want de ervaring leert, dat we zelfs vele delen van ons lijf tegelijkertijd, of langzamerhand, verliezen kunnen, zonder dat ons ik ophoudt hetzelfde te zijn (...) Als ik dus bijvoorbeeld al bij me zelf waarneem dat het mijn denken niet stoort of ik de haren op mijn hoofd laat groeien of afknip, dan concludeer ik terecht dat dit denken niet in mijn haren plaatsvindt" (blz. 28).

"Niets is zekerder als dat het één en hetzelfde ik is, waarin alle (...)verschillende voorstellingen die mij door de verschillende zintuigen worden toegevoerd, verenigd aan te treffen zijn. Ik, die zie, ben ook degene, die hoort en ruikt. Dit zien, horen, ruiken zijn echter veranderingen, die zich in mij voltrekken; want het is toch een verandering te noemen als ik bijvoorbeeld nu eens de voorstelling van een rode kleur, dan weer die van een klokgelui, dan weer die van een aangename geur heb. Als dit ontegenzeggelijk waar is, dan moet ook datgene, wat mijn ik uitmaakt, iets zijn, waarin zich bij elk van deze verschillende voorstellingen een eigen verandering, en wel eenzelfde specifieke verandering voordoet. Elk object waarin zich bij één van deze genoemde voorstellingen ofwel helemaal geen of in ieder geval niet zo'n verandering voordoet, waaruit deze soort voorstellingen bestaat, kan juist daarom ook niet tot mijn ik behoren. In mijn oor doet zich als ik zie, in mijn oog doet zich als ik hoor tenminste niet zo'n verandering voor, die specifiek is voor dit type van voorstellingen. Er bestaat dus geen twijfel over dat noch mijn oor, noch mijn oog, noch welk ander zintuig ook, tot mijn eigenlijk ik behoort" (blz. 32).

d) Het ik is een substantie
"Op welke manier we dus ook proberen, de stelling te rechtvaardigen, dat ons denken, ervaren, wensen en willen zich in een uit meerdere substanties samengesteld geheel voordoen, we stuiten steeds op een tegenspraak. Het is daarmee bewezen, dat onze ziel in de betekenis, die we boven gedefinieerd hebben, slechts een enkelvoudige substantie is" (blz. 47).

e) Het ik is onsterfelijk, omdat het een substantie is
"Ik houd het niet slechts voor mogelijk, maar zelfs voor noodzakelijk dat de substanties van de wereld vanaf alle eeuwigheid hebben bestaan. Alleen al uit de simpele definitie van een substantie denk ik namelijk dat volgt dat een ontstaan

50

of vergaan daarvan niet kan plaatsvinden. Substanties, die bestaan, moeten er altijd zijn. Alleen de eigenschappen ervan (...) behoort een ontstaan of vergaan toe; de substanties zelf zijn echter datgene wat wij ons bij elke verandering als datgene moeten voorstellen wat de verandering ondergaat, wat daarom dan niet pas ontstaat, maar al bestond, hoewel het anders werd".

Het ontologische bewijs voor persoonlijke onsterfelijkheid is – voor velen van ons althans[94] – één van de grootste bronnen van troost en blijdschap die rationele filosofische analyse ons kan bieden. Dat we de dood overleven blijkt als zodanig geen achterhaalde fantasie of zoethoudertje van machthebbers[95] maar een volkomen rationele conclusie.

Naast materialisten kunnen ook religieuze gelovigen zich tegen een dergelijke filosofische bewijsvoering van leven na de dood keren. Omdat ze vinden dat het onderwerp het privilege van de theologie moet blijven of omdat ze onsterfelijkheid als een kwestie van genade van een godheid beschouwen, in plaats van als een volkomen natuurlijk gegeven.

Er bestaan overigens juist rond persoonlijke onsterfelijkheid bijzonder merkwaardige misvattingen. Zo geeft René Marres[96] toe dat hij de stelling dat iemands geest naar een ander lichaam zou kunnen verhuizen niet kan weerleggen. Maar hij beweert vervolgens dat bewustzijn en *leven* bij elkaar zouden horen zodat men het leven niet los kan maken van het organisme dat leeft. Hierbij gebruikt Marres echter fysiek leven (leven van het organisme) en geestelijk leven (leven van de ziel) door elkaar, door ze beide aan te duiden met de term 'leven'.

---

[94]   Er zijn uitzonderingen die in het algemeen neerkomen op een negatieve conceptie van het (aardse en/of bovenaardse) leven.

[95]   Veel linkse mensen lijken ervan overtuigd te zijn dat het concept van een persoonlijk overleven na de dood een fictie is die verzonnen is door priesterklassen en vervolgens misbruikt om mensen te verzoenen met een onrechtvaardige aardse realiteit van machtswellust en onderdrukking. Dat dit laatste inderdaad is voorgekomen en nog steeds voorkomt, vormt echter in het geheel geen geldige reden om het concept zelf per definitie als onzinnig te beschouwen. Overigens zijn sommige dualisten, waaronder ikzelf, politiek gezien zelf juist radicaal links (libertair socialistisch) georiënteerd (zie: Rivas, 2000a). Dit kan voor sommige socialisten en communisten een reden zijn om naar een psychologisch defect bij de linkse dualist te zoeken die de 'pathologische' en 'irrationele' combinatie zou kunnen verklaren. Of anders om hem of haar tenminste te beschouwen als (nog) niet echt links.

[96]   Marres (1991).

Veel parapsychologen denken dat een leven na de dood een zuiver empirisch, wetenschappelijk vraagstuk is, dat alleen door onderzoek op te lossen is. Dit is duidelijk onjuist, omdat het persoonlijk overleven bij voorbaat op een ontologisch niveau aangetoond kan worden. Parapsychologisch onderzoek dient bij voorbaat uit te gaan van een persoonlijk overleven na de dood, net zoals de geologie uit moet gaan van het bestaan van de aarde[97]. Het moet zich niet richten op empirische bewijsvoering van overleving sec, maar op zulke onderwerpen als het psychologisch functioneren van overledenen, hun beleving, hun communicatiemogelijkheden en hun eventuele terugkeer naar de fysieke wereld in de vorm van reïncarnatie.

2.6. Wat omvat de ziel?

Sommige dualisten uit het verleden zagen vooral of uitsluitend in het denken of de ratio iets geestelijks. Gewaarwordingen, waarnemingen en gevoelens zouden allemaal een lichamelijke component kennen. Dit is een zeer ernstige misvatting die onder meer mede verantwoordelijk is voor de associatie tussen dualisme en misogynie door de bevooroordeelde en eenzijdige associatie van emoties met vrouwen.

Meer in het algemeen zouden al deze ervaringen minder waardevol zijn dan het zuivere, abstracte denken omdat ze minder geestelijk zouden zijn.

In feite hebben we hier te maken met een basis van de reeds in hoofdstuk 1 genoemde holistische illusie. Veel mensen vatten in hun filosofische naïviteit waarnemingen, gevoelens en gewaarwordingen op als processen die zich in hun lichaam afspelen. Vooral sterke sensaties, zoals van pijn en erotische prikkeling, maar ook sterke emoties zoals die tot uiting komen in huilbuien of schuddebuiken van het lachen, worden zo ten onrechte gelokaliseerd in het lichaam als fysiek organisme.

Er zijn bij sensaties doorgaans lichamelijke prikkels die leiden tot subjectieve ervaringen, maar daarmee zijn die subjectieve ervaringen niet opeens zelf ook fysiek. Er bestaan trouwens ook sensaties, de zogeheten ideosensorische sensaties die niet door lichamelijke prikkels maar door geestelijke voorstellingen worden veroorzaakt. Zo kan iemand onder hypnose de sterke illusie krijgen een stuk fruit te verorberen dat in werkelijkheid niet eens aanwezig is[98].

Dit geeft al aan dat de waarneming en de gewaarwording *basale geestelijke*

---

[97] Parapsychologisch onderzoek naar een persoonlijk overleven na de dood is hoe dan ook alleen zinvol als je geen filosofie van de geest aanhangt die een dergelijk overleven al bij voorbaat uitsluit. Vandaar het gemak waarmee materialisten dergelijk onderzoek afdoen als pure 'pseudo-wetenschap'.

[98] Rivas (1999b).

dimensies zijn die in feite helemaal niet fysiek zijn en zo in principe ook los van een fysiek lichaam kunnen voorkomen[99].

Bij emoties kunnen lichamelijke sensaties een rol spelen en ze kunnen bovendien leiden tot fysieke reacties. Dat neemt echter niet weg dat de kwalitatieve ervaring van de emoties als zodanig niet lichamelijk *kan* zijn en dat er ook emoties kunnen zijn die niet tot fysieke reacties leiden. Dit betekent dat ook emotie en gevoel *basale geestelijke dimensies* zijn die in principe al evenzeer zonder een fysiek lichaam kunnen optreden.

De geest of ziel omvat dus niet alleen het denken of de wil, maar evengoed de gewaarwording, de waarneming, de emoties en de gevoelens. Ontologisch worden ze allemaal verbonden door het feit dat ze zich voltrekken in of aan een subject.
Dualisme tussen geest en lichaam heeft logisch gezien dus werkelijk niets te maken met een dualisme of *dichotomie* tussen verstand en gevoel.

2.7. Geheugen, psychische natuur en het onbewuste
Sommige dualisten zoals John C. Eccles[100] erkennen de geestelijkheid van alle subjectieve ervaringen maar ze ontkennen dat het subject een persoonlijkheid zou kennen die losstaat van een geheugen dat opgeslagen zou zijn in de hersenen. Alle persoonlijkheidskenmerken bestaan in die visie dus slechts uit patronen in de hersenen. Het subject zou deze patronen bij voortduring 'activeren' in de hersenen, maar de persoonlijkheid zou – zonder goddelijk ingrijpen – teloor gaan na de fysieke dood. Alleen het subject als subject zelf zou de dood uit zichzelf overleven.

Deze visie is mijns inziens onhoudbaar, omdat er a priori helemaal geen hersengeheugen van subjectieve ervaringen kan bestaan dat (herinneringen aan) die subjectieve ervaringen uitputtend zou kunnen opslaan. Dat komt omdat

---

[99] Deze gedachte sluit mooi aan bij het vraagstuk van het verband tussen zintuiglijke waarneming en buitenzintuiglijke waarneming oftewel 'paragnosie'. Verschillende denkers die zich zowel in de filosofie als in de parapsychologie verdiept hebben, zoals Paul Dietz (1939), Gabriel Marcel, Henri van Praag, Moncrieff (1973), Thouless en Wiesner (1948) en Frank B. Dilley (1988, 1989, 1990) erkennen dat er een continuüm moet bestaan tussen 'normale' en 'paranormale' perceptie. Van Dongen en Gerding (1983, blz. 65) citeren Paul Dietz op dit punt als volgt: "Ofschoon het wat grotesk mag klinken: de normale waarneming is een speciaal geval van paragnosie, zintuiglijk gekanaliseerd, maar door deze zintuiglijkheid niet van haar mysterie-karakter gekrenkt." Vergelijk: Rivas (1989; 1990).
[100] Eccles (1977), Eccles & Robinson (1984).

subjectieve ervaringen nou juist kenmerken hebben die niet voorkomen in de fysieke wereld van het brein en er dus ook niet materieel in weergegeven kunnen worden. Er is bijvoorbeeld geen uitputtende 'wiskundige voorstelling' mogelijk van een subjectieve ervaring van geluk. Een geheugen waarin subjectieve ervaringen dusdanig opgeslagen liggen dat ze het mogelijk maken na te denken over subjectiviteit en qualia, kan derhalve zelf ook alleen maar *psychisch* zijn[101].

Er is dus wel degelijk een psychische structuur waarin herinneringen opgeslagen liggen. Aangezien die structuur niet veroorzaakt kan zijn door een cerebraal geheugen en daar evenmin deel vanuit kan maken, mogen we ervan uit gaan dat ze er ook niet afhankelijk van zal zijn voor haar bestaan. Met andere woorden, *het bestaan van een psychisch geheugen impliceert dat het subject een geestelijke persoonlijkheid heeft die de fysieke dood zal kunnen overleven.* We overleven de dood dus naar alle waarschijnlijkheid niet alleen als pure subjecten, maar als subjecten met een geheugen en een persoonlijkheid.

Behalve een psychisch geheugen moet er ook sprake zijn van wat ik een *psychische natuur* zou willen noemen. Dat is een ordening of blauwdruk van het geestelijk leven die bepaalt welke functies er mogelijk zijn en hoe ontwikkeling verloopt. Er ligt in besloten welke dimensies de ziel heeft en hoe zij reageert op ervaringen. De psychische natuur is een noodzakelijk concept, omdat de natuur van de geest als niet-fysieke entiteit per definitie niet kan worden herleid tot een aantal fysieke kenmerken[102]. Gezien de grote overeenkomsten die er klaarblijkelijk tussen de subjectieve ervaringen van afzonderlijke subjecten bestaan[103] is het aannemelijk dat de psychische natuur zich kenmerkt door zogeheten psychologische 'universalia'[104].

De ziel of geest omvat naast het geheugen en de psychische natuur tot slot ook nog een '*onbewuste*'. Dit is een abstracte aanduiding voor het gegeven dat niet alle geestelijke elementen uit het psychisch geheugen tegelijkertijd voorkomen

---

[101] Rivas (1991a, 1999d) ; vergelijk: Bergson (1908), Stevenson (1981), Gauld (1982).

[102] Rivas (1994).

[103] Die overeenkomsten zijn in ieder geval groot genoeg om zinvol met elkaar te kunnen communiceren. Zie bijvoorbeeld: Lonner (2000).

[104] Dat zal 'zelfs' geheel of gedeeltelijk gelden voor talige en andere cognitieve universalia zoals die gepostuleerd worden door wetenschappers als Noam Chomsky en Ray Jackendoff. Dat wil zeggen dat dergelijke universalia waarschijnlijk niet alleen berusten op universele kenmerken van de menselijke hersenen, maar ook op algemene eigenschappen van de psychische natuur.

in het bewustzijn[105]. Het onbewuste omvat alle ('dispositionele') geheugenelementen die op dat momenten niet geactiveerd zijn, maar ook onbewuste processen waarbij die geheugenelementen een rol spelen. Traditionele cartesianen zouden het bestaan van een psychisch onbewuste voor zover ik weet in veel gevallen hebben verworpen, omdat ze alleen het bewustzijn als geestelijk beschouwden. Ook de gedachte dat er in het onbewuste soms psychische 'chaos' maar ook onvermoede creativiteit zou kunnen heersen lijkt moeilijk verenigbaar met dit type klassiek cartesianisme.

Het concept van een psychisch onbewuste hoort echter volledig geïntegreerd te worden in de neo-cartesiaanse filosofie[106].

2.8. Persoonlijke evolutie

We waren er al voor ons fysieke geboorte en zullen ook blijven bestaan na de dood van ons fysieke lichaam. Het gegeven dat er niet alleen een onsterfelijkheid van het subject als subject bestaat, maar dat het tevens aannemelijk is dat de persoonlijkheid van de ziel, dankzij het psychische geheugen, voortbestaat, maakt het mogelijk om ons een persoonlijke evolutie voor te stellen over de dood heen.

---

[105] Vroon (1996, blz. 96) wijst erop dat het concept van een onbewuste geest niet uitgevonden is door Sigmund Freud, maar daarvoor al voorkwam bij onder meer C.G. Carus. Het accepteren van het concept van onbewuste psychische processen impliceert dan ook geenszins een affiniteit met de psychoanalyse.

[106] Kenner Roland Hoedemaekers wees mij er enkele jaren geleden op dat men zich in de hedendaagse Franse (differentie)filosofie vaak bezig houdt met de relatie tussen onbewuste processen en het bewuste subject. De nadruk ligt daarbij minder op het onttronen van het cartesiaanse ik dan op een hernieuwde waardering voor het onbewuste, het a-rationele en het (van rigide standaardvormen) afwijkende of 'andere'. Vergelijk: Gadamer (1986).

Guusje en Cica
(katten van de auteur)

Hoofdstuk 3. Wat voor lichamen zijn verbonden aan een geest?

Het wordt steeds moeilijker om een menselijke monopolie op bewust denken aan te nemen. Donald Griffin, *Animal Thinking*.

3.1. Inleiding
Zoals hiervoor is aangetoond, zijn subjectieve ervaringen niet fysiek maar behoren ze toe aan een onstoffelijk subject. Dat betekent echter ook dat ze *alleen door het subject zelf* rechtstreeks 'geregistreerd' kunnen worden, namelijk via introspectie. Een ander kan niet met zijn fysieke ogen zien of met zijn fysieke oren horen wat er geestelijk, subjectief in ieder van ons omgaat. Ook niet met behulp van allerlei elektrische of elektronische apparatuur om de hersenactiviteit te meten, aangezien die hersenactiviteit zoals we al in het eerste hoofdstuk zagen niet hetzelfde is als de subjectieve ervaringen waar we het hier over hebben.

Dit leidt tot een filosofisch probleem dat bekend staat als het vraagstuk naar 'andere geesten' (*other minds problem* in het Engels): hoe kun je weten wat er in een ander omgaat? En, nog fundamenteler: *gaat* er wel iets in die ander om, *is* er wel een ander?

Daniel Dennett is bekend geworden vanwege zijn benadering van het 'other minds'-probleem binnen een reductionistisch-functionalistische setting. Ook al bestaat er volgens Dennett geen onreduceerbare subjectiviteit, mentale termen zijn toch handig om 'computationele' rekenprocessen in breinen en andere fysieke systemen conceptueel mee samen te vatten. Het toeschrijven van bepaalde vormen van geestelijke processen aan dieren of computers is daarmee niet meer dan een kwestie van 'steno' voor Dennett. In feite bestaat er, in ontologische zin, natuurlijk geen echt 'other minds'-probleem voor deze filosoof of andere reductionisten.

Solipsisme
Er is een klein aantal filosofen dat stelt dat zij het enige subject zijn dat er bestaat, een positie die 'solipsisme' heet, afgeleid van de Latijnse woorden voor 'alleen' (*solus*) en 'zelf' (*ipse*)[107]. Dat lijkt intuïtief gezien onhoudbaar, maar een

---

[107] Solipsisme is afgeleid van het Latijnse solus – ipse (alleen zichzelf) en doet zo denken aan autisme, afgeleid van het Griekse autos (zichzelf). Er is inderdaad een verband tussen beide

sluitende bewijsvoering tegen het solipsisme is moeilijk of zelfs helemaal niet te geven, althans wanneer het gaat om een eigen solipsisme van onszelf. Het solipsisme van *anderen* is per definitie onjuist, omdat we zelf weten dat we zelf ook subjecten zijn. Een eigen solipsisme kan echter niet weerlegd worden door anderen, omdat de solipsist er nu juist van uitgaat dat er geen anderen zijn. Hij heeft volgens zijn eigen theorie slechts de foutieve indruk dat er anderen zijn.

Een belangrijke moeilijkheid voor de solipsist is echter wel hoe het dan komt dat hij die foutieve indruk heeft. Er zijn wat dat betreft eigenlijk maar twee logische mogelijkheden:
– Alleen zijn eigen geest bestaat (idealistisch solipsisme) en alles is een product *binnen* zijn geest. De solipsist 'droomt' dan als het ware de hele wereld en alle anderen zijn slechts onbezielde figuren binnen zijn droomwereld. Deze vorm van idealisme gaat dus verder dan het idealisme besproken in hoofdstuk 1, doordat er slechts één subject is dat alles in zich zou bergen.
– Er bestaat slechts één enkele geest, maar daarnaast ook nog een materiële wereld (dualistisch solipsisme). Deze vorm van solipsisme is ingewikkelder omdat de solipsist moet verklaren waarom er materiële objecten (in de zin van biologische lichamen) bestaan die een persoonlijke ziel *lijken* te herbergen. De solipsist zou zich (lichamelijk) namelijk in veel opzichten zelf net zo gedragen als die onbezielde lichamen; er is geen duidelijk, principieel verschil in gedrag te ontdekken. Daarmee zou hij moeten verklaren (voor zichzelf, niet voor – onbestaande – anderen) waarom de onbezielde lichamen om hem heen *zelf* beweren bezield te zijn terwijl ze dat niet zijn.
Het solipsisme heeft maar heel weinig openlijke aanhangers (precies één, zoals elk van hen afzonderlijk zou beweren). Dat is ook niet verwonderlijk omdat solipsisten niets meer serieus kunnen nemen wat de uiting pretendeert te zijn van de gedachten en gevoelens van anderen, dus ook geen filosofische debatten met opponenten[108].

---

begrippen. Mensen die lijden aan een ernstige beperking behorend tot het zogeheten 'autisme spectrum' onderkennen niet of nauwelijks dat er andere subjecten bestaan. Het verschil tussen beide concepten is echter dat het solipsisme een filosofische keuze is en autisme een (neuro)psychologisch gegeven. Vergelijk dit met de verhouding tussen vegetarisme en herbivorisme.

[108] Solipsisme vertoont overigens gelijkenis met de positie dat er in ultieme zin slechts één (goddelijk) subject zou bestaan waar alle andere subjecten, inclusief de filosoof zelf, van afgeleid zouden zijn – in de vorm van een soort (goddelijk) meervoudig persoonlijkheidssyndroom (vergelijk: Poortman, 1929). Het verschil is echter dat de solipsist andere subjecten niet beschouwt als mede-'secundaire persoonlijkheden' van God maar als pseudo-subjectieve wezens. Vergelijk: paragraaf 5.6.

Solipsisme en reductionistisch materialisme

Er bestaat een vermakelijke parallel tussen solipsisme en reductionisme. De solipsist moet verklaren waarom anderen zich gedragen alsof ze subjectieve ervaringen hebben terwijl dat niet zo is, terwijl de reductionist moet verklaren waarom ook *hijzelf* zich op dit punt zo misleidend gedraagt.

We kunnen intellectueel gezien eigenlijk maar op twee manieren met reductionisten omgaan. Ofwel ze hebben geen gelijk met hun bewering dat ze zelf geen subjectieve ervaringen hebben en dan begaan ze een zeer elementaire vergissing. Of ze hebben inderdaad gelijk waar het henzelf aangaat; dus niet in de zin dat *niemand* subjectieve ervaringen heeft, maar wel op het punt dat *zijzelf* zulke ervaringen niet ondergaan. Het reductionisme van sommige filosofen zou dan waar kunnen zijn wat betreft een mogelijke eigen geestloosheid, maar niet voor een subject dat weet dat het zelf wel subjectieve ervaringen ondergaat. Om dit bizarre gedachte-experiment nog verder door te voeren: subjecten die weten dat ze subjecten zijn zouden reductionisten (die stellen dat ze weten dat ze geen subjecten zijn), als ze hun intellectueel het voordeel van de twijfel gunnen, moeten beschouwen als bewusteloze bio-robots of zombies. Het serieus nemen van reductionisten zou dan paradoxaal genoeg leiden tot het behandelen van deze filosofen als zuiver fysieke systemen die geen subjectieve belangen of pijn kennen. Reductionisten zouden daardoor ethisch gezien door mensen met subjectiviteit zonder enig moreel voorbehoud gebruikt mogen worden, bijvoorbeeld als proefkonijn of bron van voedsel. Ze kunnen daar zelf wel schijnbaar 'emotioneel' bezwaar tegen maken, maar het zou getuigen van een schromelijke onderschatting van hun geestloze 'intellectuele' vermogens, als we dergelijke bezwaren echt serieus zouden nemen.

Een analogiepostulaat

Iedereen die geen solipsist is, gaat er impliciet vanuit dat je op de een of andere manier kunt merken dat er anderen geesten bestaan naast de persoon zelf. In het algemeen worden daar twee expliciete redenen voor gegeven door mensen die het onderscheid tussen lichaam en geest erkennen:

(1) We weten dat er andere geesten bestaan doordat we zelf een lichaam hebben en in wisselwerking staan met een brein en zenuwstelsel. Ons lichaam wordt dus bezield door onze geest en het is onaannemelijk dat we als enige een lichaam bezitten waarvoor dat geldt.

(2) We nemen aan dat er andere geesten bestaan doordat er bij andere lichamen, net als bij dat van onszelf, gedragingen optreden die veroorzaakt lijken door een geest. Voorbeelden daarvan zijn (klaarblijkelijk) doelgericht gedrag, intelligent

gedrag, emotioneel gedrag en taalgebruik. We hebben dus een principe nodig dat het mogelijk maakt om in normale gevallen primair een *analogie* te veronderstellen tussen somatische en psychische verbanden bij onszelf en soortgelijke samenhangen bij andere levende wezens. Dit principe noemen we in de filosofie ook wel een *analogiepostulaat*[109].

3.2. Toepassing van de analogieredenering

Holistische materialisten vinden de vraag naar andere geesten een typisch voorbeeld van de vervreemding die volgens hen zou optreden door het dualistische denken. Volgens hen is het direct te zien of een wezen een subject is of niet; je merkt of voelt dat meteen[110]. Het zou zelfs tegennatuurlijk zijn om dat niet in te zien.

Panpsychisten zijn zo mogelijk nog zekerder van het bestaan van andere geesten doordat ze in het algemeen aannemen dat *alle* materie bezield is. Het vraagstuk van de andere geesten staat dus evenmin prominent op hun agenda.

Dualisten erkennen echter dat subjectieve ervaringen bij anderen altijd indirect moeten worden vastgesteld. We doen dat voornamelijk aan de hand van hun gedragingen maar in sommige gevallen maken we ook gebruik van bijvoorbeeld een EEG om vast te stellen of iemand waarschijnlijk al dan niet in een bewusteloze toestand verkeert. De neurologische maatstaf is daarbij minder betrouwbaar dan de gedragsmatige. Er blijken namelijk allerlei uitzonderingen te bestaan op de gangbare verbanden tussen lichamelijke en geestelijke processen. Een voorbeeld daarvan wordt gevormd door zogeheten 'bijna-doodervaringen' tijdens een toestand van klinische dood, zoals deze zijn vastgesteld door diverse onderzoekers, waaronder dr. Pim van Lommel[111] en dr. Sam Parnia[112]. De hersenactiviteit is daarbij niet langer meetbaar – er is sprake van een vlak EEG – en tegelijkertijd is er juist een toegenomen helderheid in de subjectieve ervaringen. Een ander voorbeeld betreft uitzonderlijke patiënten van dr. John Lorber[113] die geboren waren met een waterhoofd. Ondanks het ontbreken van het grootste deel van de cellen in hun neo-cortex bleken ze toch 'normale' of zelfs begaafde mensen. En zo zijn er nog tal van andere voorbeelden waarin er geen of in elk geval geen duidelijke parallellie tussen neuronale en geestelijke structuren

---

[109] Rivas en Rivas (1991a, 1991b, 1992, 1993a, 1993b); Stafleu et al. (1992), Rivas (1997).
[110] Rivas en Rivas (1992).
[111] Van Lommel (2001), Rivas (2008a).
[112] Parnia (2001).
[113] Lorber (1981).

of processen optreedt[114].

Een dualist hoeft daarom in de meeste gevallen slechts te constateren dat er een lichaam is dat in principe bezield kan worden (bijvoorbeeld een organisch lichaam dat ten minste zintuigen bezit en zich kan voortbewegen) en hij mag dan verder volstaan met het afleiden van het bewustzijn uit het gedrag van dat lichaam in kwestie.

Alleen voor denkers zoals Bob Bermond[115] is dit een probleem omdat er volgens hen wel degelijk een volledige parallellie (of beter: identiteit) moet bestaan tussen neurologische en psychologische processen. Waar dat toe kan leiden blijkt uit een essay van Bermond waarin hij op basis van neuropsychologische studies stelt dat slechts een uiterst beperkt aantal diersoorten subjectieve ervaringen kent, waaronder (naast de mens) de mensapen en walvisachtigen. Alleen die diersoorten zouden namelijk neurologisch gezien voldoende met ons mensen overeenkomen om te veronderstellen dat er echt sprake is van subjectiviteit bij de leden ervan.

3.3. Dieren

De vader van het moderne dualisme, de 17e-eeuwse Franse filosoof René Descartes, is terecht berucht geworden door zijn visie op dieren. Volgens Descartes was het dierlijk gedrag namelijk volledig te verklaren door zuiver fysiologische processen. Het dier was een machine zonder ziel, een zogeheten 'automaat' en dieren kenden dus helemaal geen subjectieve ervaringen[116]. Het cartesiaanse dierbeeld is sinds die tijd de natuurwetenschappen steeds meer gaan domineren. Zelfs de dierpsychologie (met name in de vorm van het behaviorisme) en de ethologie zijn er sterk door bepaald. Diergedrag werd beschouwd als volkomen fysiek, zonder dat daar ook maar enige psychische activiteit bij kwam kijken. Tegenstanders van dit cartesiaanse dierbeeld zijn van oudsher beschuldigd van 'antropomorfisme'[117]. Dat is het zonder goede reden

---

[114] Rivas (1993a).

[115] Aangezien emotionele gevoelens, emotioneel gedrag en emotionele fysiologische reacties allemaal los van elkaar kunnen optreden bij menselijke proefpersonen, is Bermond uitsluitend geïnteresseerd in de relatie tussen hersenstructuren en subjectieve emotionele ervaringen. De relevante literatuur op dit gebied zou volgens hem uitwijzen dat menselijke emotionele gevoelens alleen kunnen voorkomen als iemand een goed functionerende rechter neo-cortex en prefrontale neo-cortex bezit. Andere, subcorticale neuronale structuren kunnen wellicht voldoende zijn om emotioneel gedrag of fysiologische reacties te veroorzaken, maar ze volstaan volgens Bermond nooit voor menselijke emotionele gevoelens in de zin van bewuste emotionele ervaringen.

[116] Rivas (1995).

[117] Rivas en Rivas (1991a,1991b).

toeschrijven van menselijke eigenschappen, zoals plezier, liefde, pijn of verdriet, aan dieren.

Aan het eind van de 19e eeuw vond er een doorbraak plaats in de biologie door de evolutietheorie van Charles Darwin. Sindsdien hebben steeds meer mensen ingezien dat er waarschijnlijk een biologische continuïteit bestaat tussen mensen en andere diersoorten. De mens bezat vanaf dat moment officieel een dierlijke afstamming en bleek bijvoorbeeld biologisch gezien zeer nauw verwant aan de mensapen. De biologische overeenkomsten tussen mensen en andere dieren, die al veel langer bekend waren, zouden volgens darwinisten geëvenaard worden door grote psychologische overeenkomsten. Helaas heeft het behaviorisme in de psychologie het trekken van de logische consequentie hiervan grotendeels verijdeld. In plaats van door te redeneren over een psychologische verwantschap tussen mens en dier, trachtte men in regel juist alle dieren, inclusief de mens, voor te stellen als zielloze machines. Dat deze bizarre theorie decennia lang de psychologie en dierpsychologie heeft beheerst, geeft goed aan hoe ver materialisten kunnen gaan in hun uitbanning van de geest uit het wetenschappelijke wereldbeeld.

Inmiddels zijn er echter rebellen opgestaan, zoals Donald Griffin[118], Jane Goodall, en Marc Bekoff, die onder invloed van functionalistische en holistische stromingen in de humane psychologie pleiten voor de visie dat dieren allerlei subjectieve ervaringen hebben en dat die ervaringen ook invloed hebben op het diergedrag. In Nederland zijn met name Françoise Wemelsfelder[119] en Barbara Noske[120] bekend geworden op dit punt. Er komen overigens internationaal steeds meer onderzoekers bij die een dierlijk bewustzijn serieus nemen, waaronder mijn broer Esteban Rivas die gebarentaal bij mensapen heeft bestudeerd.

Sommige wetenschappers erkennen trouwens wel het bestaan van subjectiviteit bij dieren, maar dan alleen in heel beperkte zin. Gordon Gallup[121] stelt bijvoorbeeld dat sommige diersoorten wel subjectieve ervaringen ondergaan, maar dat dit alleen geldt voor dieren die zelfbewustzijn lijken te vertonen, zoals mensapen en walvisachtigen. Hij doet dus alsof zelfbewustzijn een logische voorwaarde zou zijn voor subjectieve ervaringen, terwijl de verhouding juist

---

[118] Griffin (1981, 1984, 1992), niet te verwarren met zijn achternaamgenoot David Ray Griffin.

[119] Wemelsfelder (1984, 1990, 1993a, 1993b).

[120] Noske (1991).

[121] Gallup (1991).

andersom ligt. Niet alle wezens met gedachten en gevoelens hoeven zich immers logisch gezien bewust te zijn van zichzelf als subject, terwijl alle zelfbewuste wezens wel over subjectieve ervaringen moeten beschikken[122].

Indien we uitgaan van een analogiepostulaat dat zich primair richt op gedragsovereenkomsten tussen mensen en dieren, moeten we concluderen dat er in de (niet-menselijke) dierenwereld als geheel numeriek zelfs meer geesten voorkomen dan binnen de mensenwereld. Dit inzicht staat volledig haaks op de visie van Descartes en de klassieke cartesiaanse traditie. Het is hoe dan ook een grote misser voor een kampioen van de rationaliteit als Descartes dat hij het bestaan van bewustzijn bij dieren heeft ontkend[123]. Het neo-cartesiaanse dualisme zal deze kapitale fout dan ook zeker moeten rechtzetten. Volgens Goetz en Taliaferro[124] zou deze correctie reeds door de meeste hedendaagse substantialistische dualisten zijn aangebracht.

Dieren is overigens erg veel onrecht aangedaan onder invloed van het cartesiaanse dierbeeld. Zo zeiden cartesianen van het gillen van proefdieren die zonder verdoving experimenteel werden opengesneden dat dit slechts een mechanisch geluid was en niets te maken had met pijn of angst. Dualisten hebben als het ware een ereschuld overgehouden aan deze demonische benadering van dieren. Juist huidige en toekomstige generaties dualisten horen daarom een vuist te maken voor dierenrechten[125]. Het dualisme mag voortaan nooit meer gelieerd zijn aan het zogeheten speciësisme[126], de discriminatie van subjecten op basis van diersoort.

3.4. Planten
Biologisch gezien is het moeilijk een scherpe scheidslijn te trekken tussen planten en dieren. Hoe primitiever het leven, hoe minder eenduidig we kunnen spreken van een onderscheid tussen flora en fauna. Sommige diersoorten lijken bovendien sterk op planten, zoals de dierlijke zeeanemonen die vernoemd zijn naar de plantaardige anemonen.
De biologische onderverdeling die men globaal maakt, is ook niet zomaar over

---

[122] Rivas en Rivas (1992).

[123] Overigens heeft René Marres me verteld dat Descartes deze ontkenning niet in al zijn werken tentoonspreidt.

[124] Goetz & Taliaferro (2011).

[125] Rivas (1999a, 1999/2000). De dualistische neuroloog John C. Eccles heeft overigens jarenlang, net als Descartes, ontkend dat dieren bewustzijn zouden hebben totdat hij geconfronteerd werd met het werk van onderzoekers als Gordon Gallup.

[126] Singer (1975).

te planten op de psychologie. Het is met andere woorden niet vanzelfsprekend dat een organisme dat in biologische zin als dier wordt geïdentificeerd daarmee direct ook een innerlijk, psychisch leven zou moeten kennen. Ofschoon een spons biologisch als dier geldt, betekent dat nog niet dat het daarom ook een vorm van subjectief bewustzijn heeft.

Andersom is louter het gegeven dat een organisme in biologisch opzicht tot de plantenwereld behoort nog geen reden om er bij voorbaat vanuit te gaan dat het geen psychologisch wezen is. Toch zijn er goede gronden om er globaal genomen wel vanuit te gaan dat de meeste complexe plantaardige organismen, zoals planten, struiken en bomen, geen geest of ziel hebben, en de meeste complexe diersoorten, zoals vissen, amfibieën, reptielen en zoogdieren, wel:

– Er is bij plantensoorten geen tegenhanger van het centrale zenuwstelsel. Dit systeem, dat de hersenen en het ruggenmerg omvat, maakt het bij mensen en andere diersoorten mogelijk om zintuiglijke prikkels op te vangen en te verwerken en om geestelijke opdrachten om te zetten in motorische handelingen.

– Planten lijken niets aan een geest te hebben en geesten lijken niets aan planten te hebben. Ik bedoel daarmee dat planten geen baat hebben bij de geestelijke verwerking van prikkels, omdat ze zich in veruit de meeste gevallen niet kunnen bewegen en dus ook geen fysieke handelingen kunnen verrichten. Het is vanuit een biologisch perspectief beschouwd voldoende als planten fysiologisch reageren op hun omgeving. Uitgaande van de belangen van geesten zie je dat het plantenleven waarschijnlijk geen interessante of zinvolle ervaringen op kan leveren omdat prikkels niet gecoördineerd verwerkt worden in een zenuwstelsel. Ook lijken er geen interessante of zinvolle handelingen mogelijk.

De onderzoeker Cleve Backster[127] heeft desondanks getracht een andere visie op planten te ontwikkelen. Uit zijn experimenten waarbij bladeren van planten werden bevestigd aan de elektrodes van een leugendetector leken de planten te reageren op emotionele gebeurtenissen in hun omgeving. Het lijkt er echter op dat de resultaten eerder door hem zelf werden veroorzaakt – een variant van het zogeheten experimentator effect – dan door de planten in kwestie. Zijn resultaten werden namelijk niet consequent bevestigd door andere onderzoekers en dit leek samen te hangen met de houding van elke experimentator afzonderlijk. Vooralsnog legt zijn werk dus weinig tot geen gewicht in de schaal voor het vraagstuk van een eventuele plantaardige ziel.

---

[127] Tompkins en Bird (1984).

Panpsychisten[128] gaan er echter toch nog gemakkelijk vanuit dat planten een vorm van bewustzijn kennen. Niet omdat dat biologisch of psychologisch aannemelijk zou zijn, maar omdat het volgens hen voor *alle* materie zou gelden dat deze gepaard gaat met een vorm van geest.

3.5. Exobiologie

De aarde is een planeet die om een ster draait die we aanduiden als de zon. Inmiddels worden er ook buiten ons zonnestelsel steeds meer aanwijzingen en zelfs regelrechte bewijzen gevonden voor het bestaan van planeten, waarvan sommige geschikt zouden kunnen zijn voor het ontstaan van biologisch leven. Zodra je uitgaat van biologische evolutie vanuit een van oorsprong anorganische materie, zul je moeten toegeven dat de kans relatief hoog is dat er niet slechts op aarde leven voorkomt.

Om die reden bestaat er een theoretische tak van de biologie die zich bezighoudt met de vorm van mogelijke buitenaardse organismen, de zogeheten exobiologie. Uitgaande van het leven op aarde en de fysieke omstandigheden op andere planeten probeert men te bedenken wat voor een organismen zich daar ontwikkeld zouden kunnen hebben.

Een andere vraag luidt hoe intelligente wezens op andere planeten eruit zullen zien. Daarop bestaan grofweg twee antwoorden: ze lijken in veel opzichten op mensen of juist helemaal niet. Dat een relatief hoge intelligentie niet uitsluitend samengaat met onze lichamelijke vorm is overigens duidelijk, aangezien er op onze aarde bijvoorbeeld ook uiterst intelligente olifanten, wolven, octopussen, papegaaien en dolfijnen voorkomen. Een ver gevorderde materiële cultuur en technologie en een gesproken taal zouden echter wel afhankelijk kunnen zijn van een tenminste gedeeltelijk mensachtige bouw.

Weer andere theoretici stellen dat we buitenaards leven misschien niet eens zouden herkennen als leven. Het zou namelijk gegrondvest kunnen zijn in andere beginselen, terwijl het abstracter gezien nog steeds verwant zou zijn aan het aardse leven.

Deze vraagstukken zijn allemaal erg boeiend, maar hier houdt ons slechts de vraag bezig of buitenaards leven *bezield* zou zijn of niet. Ik denk dat we daar zolang buitenaardse wezens lichamelijk en vooral ook gedragsmatig voldoende overeenkomen met aards dierlijk leven niet aan mogen twijfelen.

Er bestaan trouwens wat dit betreft a priori alleen bezielde en onbezielde organismen en zijn er geen tussenvormen denkbaar. Dat geldt dus ook voor

---

[128] Zoals G. Fechner (1921).

buitenaardse wezens, hoe vreemd of vertrouwd die ons ook zouden voorkomen.

3.6. Artificiële intelligentie

Een onderwerp dat zijn grootste hype voorlopig weer gehad lijkt te hebben, is dat van de kunstmatige oftewel artificiële intelligentie. Het is wel nog steeds een soort paradepaardje voor materialisten en tegelijkertijd een beweegreden om vooral materialistische modellen van de geest aan te hangen zodat men kan blijven geloven in de kunstmatige schepping van een elektronisch geestelijk wezen.

Bij de artificiële intelligentie of 'AI' tracht men de natuurlijke intelligentie na te bootsen in een computersysteem. De zogeheten 'zachte' AI pretendeert daarbij slechts programma's te ontwerpen die zich gedragen alsof ze bezield zijn. Dit is in feite vergelijkbaar met een computersimulatie van een bosbrand. De bosbrand kan prima gesimuleerd worden binnen een computer, maar zonder dat de simulatie zelf daarmee opeens ook een echte bosbrand wordt. Zo kunnen ook denkprocessen van een schaker of arts tot in de perfectie worden gesimuleerd zodat het ten onrechte lijkt dat een computer opeens een kunstmatige grootmeester of medicus bevat. De zachte AI erkent dat een computer als fysiek systeem slechts de kwantitatieve, mathematische kanten van processen kan nabootsen. De kwalitatieve kanten ervan liggen echter buiten het bereik van de simulatie. Zo kan een computerprogramma ook correcte zinnen creëren zonder daar zelf ook maar iets van te begrijpen. Het voorkomen van zinnig taalgebruik binnen een fysiek systeem wil nog niet zeggen dat zo'n systeem opeens een subject zou zijn geworden dat de gebruikte taal zelf begrijpt.

De zogeheten 'harde' AI[129] stelt echter ofwel dat de geest in de zin van subjectieve ervaringen helemaal niet bestaat zodat er geen wezenlijk verschil kan zijn tussen (fysieke) denkprocessen van de mens en denkprocessen in een pc, ofwel dat de geest gelijkstaat aan hersenprocessen of daaruit voortkomt. Ze gaat dus expliciet uit van een reductionistisch of emergentistisch beeld van de geest. Merkwaardig genoeg wordt de harde AI niet het felst bestreden door dualisten, maar door holisten die stellen dat de geest 'lichamelijk' is, terwijl een pc geen organisch lichaam heeft. Soms wijzen holisten echter terecht ook op de kwalitatieve en subjectieve eigenschappen van de bewuste geest (de *qualia*) die noodzakelijkerwijs ontbreken in een computer[130].

---

[129] De 'harde' AI komt niet alleen voor onder materialisten, maar ze wordt ook door zogeheten property-dualisten (Chalmers, 2002) voor mogelijk gehouden.

[130] Schins (2000) richt zich met name ook op de onvolledigheidsstelling van Gödel die de

Het is hoe dan ook vermakelijk om te constateren dat de robotica steeds verder komt in het ontwikkelen van een simulatie van een lichaam. Ontologisch gezien is er geen wezenlijk verschil tussen een robot en een organisme als men beide beschouwt als fysieke systemen. Het is daarom te verwachten dat men niet alleen cognitieve en andere psychologische processen elektronisch zal kunnen simuleren maar ook het menselijk lichaam steeds beter zal kunnen nabootsen. Het is echter al evenzeer te verwachten dat men er nooit in zal slagen een echt subject te creëren. Dat ligt daaraan dat een subjectieve geest, zoals we al in het eerste hoofdstuk zagen, geen product van de hersenen kan zijn en dus evenmin kunstmatig gecreëerd kan worden bij een elektronische simulatie van die hersenen.

In de ontroerende film *Artifical Intelligence* van Steven Spielberg lijkt de harde AI het gelijk aan haar kant te hebben gekregen. Over een aantal eeuwen zouden er robots zijn ontwikkeld die echte gevoelens als liefde kennen. De hoofdpersoon, een 'robo-jongen' die voorbestemd is om echt van zijn menselijke ouders te houden, probeert uiteindelijk als een futuristische Pinokkio een echt jongetje te worden. Er komen in de film verder een soort elektronische gigolo en een sympathieke denkende teddybeer voor.

De toekomst zal er echter zeker anders uitzien. Alles wat men van de geestelijke processen of van het menselijke (inclusief emotionele) gedrag kan nabootsen in een computer of robot, zal waarschijnlijk ooit ook daadwerkelijk nagebootst worden. Een pratende teddybeer is bijvoorbeeld nu al mogelijk. En aan de sensuele mogelijkheden van de robotica wordt al jaren druk gewerkt. Het is echter bij voorbaat uitgesloten dat er ooit een elektronische minnaar komt met echte erotische gevoelens, een teddybeer met echte bewuste gedachten of een liefdevolle robo-jongen. De lezer moet dit niet opvatten als een ongefundeerde 'dogmatische' stelling maar als een logische consequentie van het personalistische dualisme. Net als het split-brain vraagstuk is ook de vraag of er ooit echte kunstmatige subjecten zullen komen immers bij uitstek een ontologische kwestie die je alleen op basis van rationele analyse en niet door

---

beperkingen van artificiële intelligentie ten aanzien van de natuurlijke intelligentie van de mens zou aantonen. Een bekend gedachte-experiment in dit verband is de zogeheten 'Chinese kamer' van John Searle.

middel van een empirisch experiment kunt beslechten.

Overigens moeten deze uitspraken niet zo worden begrepen dat ik meen dat een geest zich nooit kan ophouden in of rond een onbezield object. Die mogelijkheid sluit ik geenszins niet uit, al was het maar omdat ons eigen lichaam pas op een bepaald tijdstip door ons bezield is geraakt, en daarvoor dus zelf ook onbezield was[131]. Maar dat is iets heel anders dan dat er in een computer opeens bewustzijn zou ontstaan ten gevolge van louter fysieke processen. Een pc zou tijdelijk kunnen bezield zijn door een geest, maar die geest zou daarin nooit kunstmatig gecreëerd kunnen worden. Amy L. Lansky[132] verwoordt dit aldus: " Persoonlijk geloof ik niet dat computers bewustzijn zullen ontwikkelen […] misschien kan een ziel [echter] uiteindelijk beslissen om zich te verbinden aan een vernuftige machine."

---

[131] Zelfs als een foetus vanaf de conceptie bezield is, moeten de betrokken eicel en de zaadcel dat van tevoren niet geweest zijn. De bezieldheid van alle zaad– en eicellen moge misschien aannemelijk zijn binnen een panpsychisme, maar toch niet binnen een personalistisch dualisme.

[132] Lansky (1996).

Hoofdstuk 4. Welke soorten wisselwerking tussen lichaam en geest bestaan er?

We zijn – om Huxley te corrigeren – géén bewuste 'automaten'. Titus Rivas en Hein van Dongen, *Exit Epifenomenalismo: La demolición de un refugio*.

4.1. Inleiding
Ook al lijken velen het materialisme in wezen als een onmisbaar fundament van het natuurwetenschappelijke wereldbeeld te beschouwen, dit geldt toch zeker niet voor iedereen. Er zijn gelukkig ook nog steeds dualisten die de realiteit van subjectieve ervaringen erkennen en subjectieve ervaringen niet willen gelijkstellen aan of reduceren tot hersenprocessen. Onder dualisten moet echter een onderscheid gemaakt worden tussen radicale substantialistische dualisten zoals ikzelf en zogeheten gematigde 'property'-dualisten[133] die ervan uitgaan dat geestelijke ervaringen niet horen bij een onstoffelijk subject, maar bij het fysieke brein zelf. Deze soort dualisten zeggen dus in feite dat een fysiek, met andere woorden: niet-subjectief, object niet-fysieke, kwalitatieve eigenschappen (Engels: properties) kan hebben. Dit is mijns inziens duidelijk een incoherente positie en de property-dualisten vormen dan ook een gemakkelijk doelwit voor met name reductionisten.

4.2. Epifenomenalisme
Maar veel property-dualisten (of 'mentalisten' zoals ze zich soms noemen, wat echter een zeer meerduidige term is) hangen ook in een ander opzicht een bizar wereldbeeld aan. Ze gaan namelijk akkoord met een hoofdstelling van het materialisme, namelijk het zogeheten 'fysicalisme'[134]. Dit fysicalisme komt hier op neer dat alles in de werkelijkheid het resultaat is van natuurkundige wetten die inwerken op de materiële wereld. Toegepast op het door de property-dualisten erkende bestaan van subjectieve ervaringen, stellen deze fysicalisten dus dat alle subjectieve ervaringen uitsluitend het gevolg zijn van natuurkundige wetten die inwerken op het brein. Er zijn met andere woorden geen subjectieve ervaringen die veroorzaakt zijn door iets anders dan fysieke processen, en subjectieve ervaringen werken zelf ook nooit in op de materiële wereld. Deze positie heet 'epifenomenalisme', afgeleid van de term 'epifenomeen', die bijverschijnsel betekent. In dit verband heeft men ook wel over 'non-reductive

---

[133] Chalmers (1996).
[134] Beloff (1976).

physicalism'[135].

Subjectieve ervaringen zouden het volkomen machteloze bijverschijnsel zijn van hersenprocessen en geen enkele invloed uitoefenen op de werkelijkheid. Dit levert natuurlijk een zeer afstotend en benauwend mens– en wereldbeeld op. Veel aanhangers van het fysicalisme zien echter voornamelijk een wetenschappelijk voordeel: hoewel er inderdaad allerlei verschillende verschijnselen bestaan in de werkelijkheid, zijn ze toch allemaal het gevolg van dezelfde alomvattende natuurwetten. De fysieke wereld zou causaal gezien gesloten zijn en volledig kenbaar door middel van de natuurwetenschappelijke methode. Men zou slechts nog zogeheten 'psychofysieke' wetmatigheden hoeven toe op te stellen om te begrijpen hoe een dergelijke gesloten fysieke wereld subjectieve ervaringen voortbrengt[136].

Niet alle property-dualisten zijn overigens fysicalisten. Sommigen van hen gaan uit van wat in deze context ook wel 'downward causation' genoemd wordt, dat wil zeggen: de invloed van de veronderstelde geestelijke 'eigenschappen' van het brein op de zuiver fysieke eigenschappen ervan.

Het epifenomenalisme wordt door veel property-dualisten beschouwd als de enige mogelijke verzoening tussen twee dingen die ze als onloochenbaar beschouwen: het bestaan van subjectieve ervaringen en het fysicalisme dat een gesloten fysieke wereld vooronderstelt dat geen invloeden van buitenaf toelaat. Het wordt dan ook impliciet of expliciet verdedigd door bekende geleerden zoals de filosoof David Chalmers[137] en de taalkundige Ray Jackendoff[138]. Beiden heb ik hier overigens persoonlijk op aangesproken en allebei ontkenden ze tegenover mij dat ze zich goede redenen konden voorstellen om van hun epifenomenalisme af te wijken. Ray Jackendoff gaf zelfs expliciet toe dat indien iemand kon aantonen dat epifenomenalisme innerlijk tegenstrijdig was, dit voor hem zeker een reden zou zijn om zijn property-dualisme op te geven en voortaan een reductief materialistische positie in te nemen.

Het fysicalisme is met andere woorden toch nog belangrijker voor dit soort 'gematigde', naturalistische dualisten dan de erkenning van het eigen

---

[135] Soms wordt dit ook wel aangeduid als 'soft materialism'.

[136] Chalmers (1996, 2002); vergelijk: de theorie van de dubbele oorzakelijkheid van René Marres (1985), blz. 163-170.

[137] Chalmers (1996). Chalmers beweert overigens 'agnostisch' te zijn met betrekking tot het epifenomenalisme-vraagstuk, maar in zijn theorievorming erkent hij doorgaans beide ingrediënten van het epifenomenalisme: property-dualisme + causale machteloosheid.

[138] Jackendoff (1990), die het ook wel de these van de 'Non-Efficacy of Consciousness' noemt.

bewustzijn. "Natuurwetenschappelijke respectabiliteit voor alles" luidt hun devies, terwijl dit extra vreemd is als je bedenkt invloedrijke reductionistische hardliners zoals Dennett het erkennen van bewustzijn hoe dan ook als achterhaald en obscurantistisch beschouwen.

Property-dualisten zitten echter ook intrinsiek op het verkeerde spoor, ongeacht wat materialisten van hun positie denken. Ze miskennen dat fysieke lichamen als zodanig per definitie geen geestelijke eigenschappen kunnen hebben en bovendien dat subjectieve ervaringen toebehoren aan een geestelijk subject.

Wat betreft de veronderstelde epifenomenalistische verzoening tussen fysicalisme en dualisme, vergissen velen van hen zich ook danig, omdat het epifenomenalisme analytisch beschouwd een volstrekt onhoudbare positie is[139].

Het epifenomenalisme erkent namelijk dat we weten dat we *subjectieve* ervaringen hebben, maar dat kunnen we natuurlijk alleen weten als die subjectieve ervaringen zelf invloed uitoefenen op onze kennis van de werkelijkheid. Als ze dat niet doen, kunnen we domweg niet weten dat we subjectieve ervaringen hebben. Een hypothetische aangeboren notie dat er een bewustzijn bestaat is bijvoorbeeld geen goed argument om aan te nemen dat er ook echt bewustzijn is. *We mogen alleen aannemen dat er subjectieve ervaringen bestaan, omdat we zelf merken dat we zulke subjectieve ervaringen hebben.* De geest kan daarom echt geen machteloos bijverschijnsel zijn zonder daardoor volstrekt onkenbaar te worden.

David Chalmers probeert zich hier uit te redden door te doen alsof je zonder dat er een inwerking op je 'kenapparaat' plaatsvindt toch iets zou kunnen kennen (als het ware 'direct','by acquaintance'). Maar Chalmers weet waarschijnlijk alleen zichzelf enigszins daarmee te overtuigen. Zelfs als je je bewustzijn op het moment zelf kunt 'kennen' zonder dat je bewustzijn op dat moment op je 'kenapparaat' inwerkt, dan moet het bewustzijn namelijk toch nog invloed uitoefenen op je geheugen. Omdat anders die kennis domweg niet vastgehouden kan worden en we dan nooit over bewustzijn zouden kunnen nadenken, praten of schrijven. Chalmers slaagt dus niet in zijn poging om het epifenomenalisme voor diskwalificatie te behoeden[140].

---

[139] Rivas en Van Dongen (2001, 2003, 2009), Rivas (1999c). Zie ook Watkins (1989), Dennett (1995) en John Foster (volgens Stokes, 1991).

[140] Toen ik eind jaren '80 student theoretische psychologie aan de RUU was, wond een fysicalist aldaar zich op over mijn weerlegging van het epifenomenalisme. Hij beweerde dat het epifenomenalisme nooit zo eenvoudig weerlegd kon worden, omdat de bekende epifenomenalisten veel te knap zouden zijn om dat zelf niet door te hebben (Rivas, 1992b).

Het vraagstuk van de causale impact die de geest op de werkelijkheid heeft, toont nogmaals aan dat er slechts twee mogelijke oplossingen van het geest-lichaam probleem zijn: personalistisch idealisme en 'radicaal' personalistisch dualisme. Materialisme en property-dualisme zijn allebei evenzeer onhoudbare posities.

De materialistische identiteitstheorie kan overigens ook nog via het causaliteitsvraagstuk worden aangevallen. Volgens elke variant van de identiteitstheorie hebben subjectieve ervaringen als zodanig geen invloed op de werkelijkheid, omdat ze slechts het eerste persoons-perspectief vertegenwoordigen op, objectief gezien, volledig fysieke hersenprocessen. Maar als dat zo is, kan er in ons 'kenapparaat' nooit een concept van die subjectieve ervaringen als zodanig worden gevormd, maar slechts een concept van de hersenprocessen in de eigenlijke, niet-subjectieve, zuiver fysieke zin. Dat de identiteitstheorie impliciet toegeeft dat we wel een dergelijk concept hebben gevormd (op basis van de subjectieve ervaringen die we ondergaan), ondergraaft deze vorm van materialisme met andere woorden op een even fatale manier als bij het epifenomenalisme het geval is.

4.3. Parallellisme
Naast het epifenomenalisme bestaat er overigens nog een andere positie die wel de geest wil erkennen maar zonder ook maar enige impact van die geest op de materiële wereld aan te nemen. Het stelt dat geestelijke ervaringen wel geestelijke processen in gang zetten, maar geen fysieke processen. Zo bestaat er eveneens wel een fysieke oorzakelijkheid, maar deze heeft ook geen enkele invloed op de geest.
Er is dus sprake van twee van elkaar gescheiden domeinen van causaliteit die evenwel volledig parallel aan elkaar lopen, vandaar de term 'parallellisme'. Het parallellisme is onder meer belangrijk als voorwaarde voor alle vormen van het reeds in het eerste hoofdstuk genoemde panpsychisme die uitgaan van een volledige parallellie tussen materie en geest.
De parallellistische stelling dat geest en lichaam wel zichzelf maar nooit elkaar beïnvloeden is om een vergelijkbare reden net zo onhoudbaar als het epifenomenalisme. Het epifenomenalisme ontkent dat de geest invloed uitoefent op de werkelijkheid, inclusief zichzelf, wat ertoe leidt dat je niet meer kunt weten dat er een geest is[141]. Het parallellisme ontkent dat de fysieke wereld

---

[141] Zie: Stokes (1991); Rivas en van Dongen (2001). Heymans (1933) formuleert dit punt als volgt (blz.198-199): "Als n.l., zooals ze aanneemt, een dieper liggende werkelijkheid zich

invloed uitoefent op de geest. Wat tot gevolg heeft dat we niet meer kunnen weten dat er überhaupt een fysieke wereld is, terwijl men daar als parallellist dus wel vanuit gaat[142.] Als lichamelijke en geestelijke processen volstrekt parallel aan elkaar zouden verlopen zonder elkaar ooit echt te beïnvloeden, kan de geest geen meer weet hebben van zijn eigen lichaam of de fysieke werkelijkheid daarbuiten.

4.4. Interactionisme

Nu we geconstateerd hebben dat fysicalisme en parallellisme allebei verworpen moeten worden, houden we slechts interactionisme als mogelijkheid over, waar het gaat om de invloed van de geest op het lichaam en vice versa.
Interactionisme is de positie dat er een wisselwerking bestaat tussen lichaam en geest, dat wil zeggen dat beide elkaar beïnvloeden. Het interactionisme verwerpt het fysicalisme radicaal en gaat daarentegen uit van een causaal gezien 'open' fysieke wereld die zich laat beïnvloeden door factoren van niet-fysieke aard. Het ziet in elke daad een empirische weerlegging van de fysicalistische stellingname[143].

Welke vormen van interactie tussen het eigen lichaam en geest zijn er nu logisch gezien denkbaar?
Men kan in ieder geval de volgende typen wisselwerking onderscheiden:

– Invloed van de geest op het eigen lichaam. Dit wordt wel aangeduid als 'intrasomatische psychokinese', de beïnvloeding van het lichaam ('soma') door de geest, waar in feite ook de psychosomatische verschijnselen, de fysieke uiting van emoties en de psychomotoriek onder vallen[144].
– Waarneming en gewaarwording van zintuiglijke patronen in de hersenen door de geest, oftewel de zogeheten 'normale' waarneming[145].
– Invloed van de hersenen op de geest op denken, geheugen, stemming, bewustzijnstoestand of emoties; in het algemeen 'somatogene' invloeden op het

---

als het ware naar twee zijden, in twee van elkaar geheel onafhankelijke reeksen van verschijnselen openbaart, dan schijnt daarmee de mogelijkheid te zijn uitgesloten, dat een van deze reeksen zich hoe dan ook ooit aan de andere kenbaar zou maken; dus ook, dat ons denken, dat tot de psychische reeks behoort, ooit tot de kennis van physische verschijnselen zou kunnen komen."

[142] De analytische weerlegging van het parallellisme leidt dus ook tot verwerping van stromingen die daarvan afhankelijk zijn zoals neutraal monisme en vormen van panpsychisme (zoals die van Fechner en Wundt); net zoals de analytische weerlegging van het epifenomenalisme eveneens voert tot verwerping van elke vorm van identiteitstheorie.

[143] Van Dongen (1984).

[144] Rivas (1999b).

[145] Rivas (1993a).

('intrapsychische') geestelijke leven[146].

Daarnaast zijn er nog interacties voorstelbaar met entiteiten buiten het eigen lichaam:

– Directe psychogene beïnvloeding van voorwerpen en organismen buiten het eigen lichaam, aangeduid als 'extrasomatische psychokinese'.
– Directe, buitenzintuiglijke waarneming van een fysieke wereld, oftewel 'helderziendheid'.
– Directe wisselwerking tussen twee geesten, ook wel bekend staand als 'telepathie'.

Voor al deze vormen van 'extra-cerebrale' interactie is inmiddels overigens meer dan voldoende wetenschappelijk bewijsmateriaal verzameld[147], dat vooral door de invloed van het fysicalisme nog steeds voor een groot deel wordt genegeerd.

4.5. De zogeheten 'magie' van de interactie

Materialistische tegenstanders van het interactionisme zeggen dat het inherent *onbegrijpelijk* is als er werkelijk een wisselwerking bestaat tussen lichaam en geest. Hoe kan iets fysieks nu ooit iets geestelijks in gang zetten of beïnvloeden en hoe kan iets geestelijks nou ooit leiden tot iets fysieks[148]? Als subjectieve ervaringen enerzijds en het brein anderzijds inderdaad volkomen verschillend van elkaar zijn, wat voor een *brug* zou men zich dan nog kunnen voorstellen die beide aan elkaar verbindt?

Sommige interactionisten denken dat het antwoord ligt in een gemeenschappelijke eigenschap van lichaam en geest, zoals dat ze allebei gebruik lijken te maken van een soort 'energie', hoewel dat woord in beide gevallen wel een beduidend andere betekenis lijkt te hebben. Dit soort pogingen is echter gedoemd te mislukken omdat ze nog steeds niet verklaren hoe er *überhaupt* contact kan zijn tussen lichaam en geest. De subjectieve geest is namelijk geen uitwendig, 'publiek' object dat op een zelfde, fysieke manier zou bestaan als de hersenen.

Een andere invalshoek is die van John Smythies die een groot aantal extra

---

[146] Ibidem.
[147] Rivas en Van Dongen (2001, 2003, 2009).
[148] John Beloff (1976) haalt Ducasse aan waar hij stelt dat er geen logische reden is waarom ongelijksoortige entiteiten geen causale invloed op elkaar zouden kunnen uitoefenen. Zie hoofdstuk 6.

dimensies voorstelt om interactie te verklaren[149]. Zijn benadering lijdt echter aan hetzelfde euvel als die van de theoretici die zoeken naar overeenkomsten tussen lichaam en geest: het verklaart niet hoe er überhaupt contact kan zijn tussen beide.

Ook ideeën over zogeheten fijnstoffelijke lichamen als brug tussen lichaam en geest, een derde benadering, maken het interactie-probleem in feite alleen maar ingewikkelder. Er komt namelijk naast het vraagstuk van de interactie tussen lichaam en geest ook nog een vraagstuk van de wisselwerking tussen lichaam en fijnstoffelijk lichaam en tussen geest en fijnstoffelijk lichaam bij. Uiteraard wordt het probleem nog gecompliceerder naarmate men meer soorten fijnstoffelijke lichamen aanneemt. (Overigens betekent dit natuurlijk niet dat er *daarom* ook geen fijnstoffelijke lichamen kunnen bestaan. Er bestaat zelfs serieus empirisch bewijsmateriaal voor de realiteit van zulke lichamen[150].)

De epifenomenalisten zoals Ray Jackendoff hebben het over een soort 'magie' die je zou moeten veronderstellen als de geest lichamelijke processen zou kunnen beïnvloeden. De Nederlandse theoretisch psycholoog Rob de Vries heeft mij een keer verteld zelfs regelrecht 'beducht' te zijn voor het interactionistische wereldbeeld dat hem veel te chaotisch zou toeschijnen.
Dit type reacties is op zijn minst erg merkwaardig gezien het feit dat property-dualisten zelf wél uitgaan van een *minstens zo magische* veroorzaking van mentale processen door hersenprocessen en daarbij toch niet direct uitgaan van chaos.

Ikzelf beschouw de interactie tussen de geest en de materiële wereld als een basisgegeven of fundament dat je niet verder kunt reduceren tot andere principes. Dat is net zo mysterieus of magisch als ons eigen geestelijke bestaan of als het bestaan van een fysieke wereld zelf. Basisbouwstenen van ons wereldbeeld kunnen niet verder herleid worden tot andere dingen en dus in die zin niet 'verklaard' worden. We kunnen slechts onderkennen dat we er theoretisch niet buiten kunnen. Dit geldt trouwens voor elke pluralistische filosofie, dus ook voor het subjectieve idealisme dat meerdere subjecten aanneemt die eveneens met elkaar interacteren[151].

---

[149] Smythies in: Smythies & Beloff (1989); zie ook: Rucker (1989) en Ortt (1943).

[150] Van Dongen (1990b), Van Dongen en Gerding (1993), Rivas (2002). Het zogeheten hylisch pluralisme dat zij in hun boek "Het voertuig van de ziel" beschrijven en dat zijn oorsprong vindt in het werk "Ochêma" van J.J. Poortman, is overigens goed verenigbaar met een dualisme tussen lichaam en ziel.

[151] Bolzano (1970), Rivas & Van Dongen (2001).

Wil men deze ontologie toch nog verder grondvesten, dan zou men wel eens uit kunnen komen bij een filosofisch (teleologisch) godsbewijs, gebaseerd op het interactionisme[152].

4.6. Een vrije wil?
Ontelbare geleerden hebben zich al het hoofd gebroken over de vraag of er een vrije wil bestaat. Deze vraag wordt in verschillende versies gesteld, onder meer als: "Worden we geestelijk volledig bepaald door onze hersenprocessen?"
Het antwoord op die specifieke vraag is in ieder geval duidelijk als we kijken naar de filosofie van de wisselwerking van geest en lichaam. We worden **niet** volledig bepaald door het lichaam. Dat wil niet zeggen dat we ook in een absolute (psychologische) zin volledig vrij zouden zijn[153] maar we zijn als subjecten doorgaans in staat om het lichaam niet zomaar te volgen, maar ons eigen plan te trekken.
Dit inzicht is erg belangrijk omdat het aangeeft dat onze beleving en ons gedrag niet zomaar het gevolg zijn van inherent zinloze en toevallige fysieke processen. Vandaar dat John Beloff spreekt van het herstellen van onze waardigheid als hij het fysicalisme verwerpt[154].

4.7. Consequenties voor de natuurfilosofie
Het dualistisch interactionisme heeft ongetwijfeld consequenties voor de filosofie van de materiële wereld of 'natuurfilosofie'. De fysieke werkelijkheid moet worden opgevat als een realiteit die zich laat beïnvloeden door de geest. Dat kan alleen als die materiële wereld niet 'gesloten' is. Het ziet er naar uit dat interactie met de geest mogelijk 'zelfs' leidt tot het doorbreken van fysieke principes (of wetten) van behoud van energie en van momentum. Henri Bergson heeft er reeds op gewezen dat dit slechts een logisch gevolg is van het interactionisme[155]. Het zou alleen dan problematisch zijn als men dergelijke fysieke wetmatigheden beschouwt als absolute, logische noodzakelijkheden in plaats van als empirische principes die men heeft afgeleid uit observaties van (slechts) de onbezielde materie[156].

---

[152] Rivas (1999b).

[153] We hoeven dus geen Sartriaanse wilsvrijheid aan te nemen om toch te mogen stellen dat we psychologisch niet volledig bepaald wordt door fysieke processen.

[154] Beloff (1987, 1988).

[155] Bergson (1944).

[156] Overigens is het merkwaardig dat men wat betreft de wet van behoud van de energie over het algemeen niet kijkt naar de somatogene veroorzaking van (aspecten van) subjectieve ervaringen door hersenprocessen. Binnen een fysicalistisch wereldbeeld zou elke

Sommige dualisten, zoals John C. Eccles[157], hebben interactie tussen geest en materie inmiddels al dan niet terecht in verband gebracht met de vreemde wereld van de kwantummechanica.

De schending van de natuurkundige principes is in de ogen van reductionisten een steekhoudend of zelfs doorslaggevend argument tegen het dualisme. Dat gaat echter alleen op als je het bestaan van een onreduceerbare subjectieve geest ontkent, zoals reductionisten inderdaad doen. Het zou natuurlijk neerkomen op een erg doorzichtige cirkelredenering als men de geest juist om die reden loochent[158].

Een volgend vraagstuk waarbij men rekening moet houden met interactie is de aard van de tijd. Volgens Einstein zou tijd een 'relatief' verschijnsel zijn. Hoe dit ook zij, bij de inwerking van de geest op de materie en vice versa moet de subjectieve tijd van de geest in verbinding staan met de fysieke tijd. Geestelijke processen die plaatsvinden in de subjectieve tijd hebben immers invloed op fysieke processen die plaatsvinden in de fysieke tijd, en vice versa.

Interactionisme heeft hoe dan ook gevolgen voor de natuurfilosofie en daarmee indirect ook voor de filosofie van de biologie.

Het dualistisch interactionisme is uiteraard ook nog relevant voor de vraag of en in hoeverre de fysieke wereld geschapen kan zijn door een (of meer) god(en).

---

oorzakelijkheid immers energie moeten kosten, dus inclusief deze somatogene causaliteit. Dat levert op zijn minst een paradox op, omdat er energie uit de fysieke wereld verloren zou moeten gaan zonder dat die gespendeerd zou worden aan fysieke processen, hetgeen in strijd lijkt met het fysicalistische model van een 'gesloten' materiële wereld. Het is op zich al incoherent om te spreken van een (in causale zin) gesloten fysieke wereld als die wereld invloed heeft op subjectiviteit, iets waar alle epifenomenalisten expliciet van uitgaan. Men zou om het veronderstelde evenwicht te herstellen kunnen uitgaan van een compensatie van de verloren fysieke energie door psychogene fysieke processen. In dat geval zou men dus wel te maken hebben met interactie, maar niet met een schending van de wet van het behoud van energie.

Weer een andere theorie zou kunnen luiden dat de hoeveelheid fysieke energie niet constant is, maar principieel verband houdt met de interactie tussen de materie en geesten. Vergelijk: Larmer (1986) en Dembski (2000).

[157] Eccles in Popper en Eccles (1977).
[158] Vergelijk: Goetz & Taliaferro (2011).

Sarasvati,
Indiase godin van kennis en wijsheid, maar ook van kunst, muziek en literatuur

Hoofdstuk 5. Personalistisch dualisme en waarden

Wat van belang is, is daarom niet de zin van het leven in het algemeen, maar eerder de specifieke zin van het leven van een bepaalde persoon op een bepaald moment. Victor E. Frankl. *Man's search for meaning*.

5.1. Inleiding
Het personalistische dualisme wordt van oudsher geassocieerd met een vervreemdende overwaardering van het abstracte denken en rationaliteit, die ook al wel wordt aangeduid als 'intellectualisme'. Dit is voor een deel onterecht, want René Descartes was zich wel degelijk ook bewust van de geestelijke aard van emoties, wilsuiting en gewaarwordingen. Hij heeft trouwens zelf bijgedragen aan de verwarring op dit punt door het Franse woord 'penser' (denken) en het Latijnse 'cogitare' veel ruimer te gebruiken dan men doorgaans deed. Bij Descartes konden deze woorden onhandig genoeg net zo goed slaan op emotionele ervaringen als op gedachten[159]. Hoe dit ook zij, het hedendaagse dualisme ontkomt niet aan een beeld van de persoonlijke geest die *alles* omvat wat er subjectief in ons omgaat, van pijn tot razernij en van wijsheid tot lust. Een gezonde neo-cartesiaanse axiologie kan daarom niet zijn toevlucht nemen tot de doorzichtige misvatting dat gevoelens 'lichamelijk' zouden zijn en daarom minder belangrijk dan gedachten.

Overigens wil dit natuurlijk zeker niet zeggen dat de dualistische variant van personalisme opeens juist de waarde van rationaliteit, filosofie en intellectuele vorming zou moeten miskennen. Rationeel denken dient ook voor het soort dualisme dat ik voorsta een onmisbare basis van elke verantwoorde zoektocht naar inzicht en waarheid te blijven. Wat dit betreft hoort het neo-cartesiaanse dualisme een rationalistische erfgenaam te zijn van de filosofie van René Descartes. Denken, wijsbegeerte en onderzoek horen zeker prominent op de agenda van hedendaagse neo-cartesianen te blijven staan.

Bovendien is het personalistische dualisme *zelf* een basis voor het opbouwen van een realistisch zelf– en wereldbeeld en daarmee ook voor het formuleren van de eigen identiteit. Dat is van groot belang in de algemene contemplatieve, levensbeschouwelijke zin en daardoor ook voor het menselijk bestaan, de menselijke 'existentie' of het 'Dasein'.

---

[159] Rivas & Rivas (1993a).

In dit hoofdstuk verkennen we kort welke verhouding er kan bestaan tussen neo-cartesiaans dualisme en kwesties binnen de waardeleer oftewel 'axiologie'.

Ten overvloede wil ik er op wijzen dat dualisme in *ontologische* zin niet gelijk staat aan een dualisme in ethische zin, dat wil zeggen een tegenstelling tussen goed en kwaad. Een ontologisch dualist kan zo in theorie een ethisch 'dualisme' afwijzen, terwijl een ontologisch materialist het juist kan onderschrijven.

5.2. Waarden en biologie

Reductionistische materialisten reduceren de hele geest tot de fysieke werkelijkheid en daarmee automatisch ook tot de biologie van het lichaam. Dat geldt ook voor alle zaken die waardevol zijn voor ons. Het *psychologische* leven zou met andere woorden alle waarde ontlenen aan het *biologische* leven. Het gaat daarbij om biologische doelen als voedsel en gezondheid, lichamelijke veiligheid, concurrentiestrijd met soortgenoten, dominantie, voortplanting, een zo groot mogelijk territorium en het beheersen van de fysieke omgeving. Dit alles komt het individuele biologische leven ten goede maar bevordert ook de mogelijkheden om zich voort te planten.

Een tak van de materialistisch georiënteerde biologie, de zogeheten sociobiologie[160], probeert expliciet alles wat ons beweegt, dat wil zeggen: al onze motieven, in verband te brengen met het bevorderen van het overleven en verbreiden van onze genen. Sommige sociobiologen gaan hier erg ver in doordat ze proberen zelfs bijna algemeen als 'hoger' ervaren waarden zoals liefde, vriendschap, mededogen en religiositeit uiteindelijk theoretisch te herleiden tot de biologie.

Tegenover de reductionistische materialisten staan wat dit betreft allerlei filosofen, sociale wetenschappers en geesteswetenschappers die erop wijzen dat er een enorm verschil bestaat tussen de starre instinctieve gedragspatronen van bijvoorbeeld sociale insecten en de menselijke sociale en culturele flexibiliteit en rijkdom.

Er zijn in dit opzicht ontegenzeggelijk menselijke kenmerken die leiden tot waarden die ook typisch menselijk zijn en niet overtuigend in verband gebracht kunnen worden met fysieke of voortplantingsbehoeften. Dat is ook niet verwonderlijk omdat het allemaal geestelijke kenmerken zijn, die niet gereduceerd kunnen worden tot ons lichaam. Bijvoorbeeld:

---

[160] Dawkins (1989), Smith (1984). Dawkins ziet het bewustzijn trouwens als iets wat de blinde drang naar genetische fitness kan overstijgen.

– Ten eerste de reeds genoemde drang om de werkelijkheid te *begrijpen* en te doorgronden met onze niet-fysieke geest, een drang die tot uiting komt in motieven zoals onze nieuwsgierigheid en uiteindelijk leidt tot zelfkennis, filosofie en wetenschap.

– Ten tweede het creatieve *spelen* met mogelijkheden, zowel fysiek als mentaal, die leiden tot het ontwerpen van spellen en sporten, tot alle mogelijke vormen van humor, maar bijvoorbeeld ook tot de schone kunsten, muziek, literatuur en film. De zogeheten 'homo ludens' heeft zo het vermogen om zich speels en creatief, met veel verbeeldingskracht, bezig te houden met zaken die vanuit een biologisch oogpunt overkomen als (overbodige) 'luxe'-verschijnselen.

– Ten derde is er een algemener streven naar *schoonheid* dat direct samenhangt met de qualia van de zintuiglijke waarneming en niet los daarvan kan bestaan. Men heeft esthetische schoonheid wel trachten te herleiden tot zuiver wiskundige verhoudingen, maar miskent daarbij dat er hoe dan ook steeds een onherleidbare, kwalitatieve modus nodig is om van welke schoonheid dan ook te kunnen genieten.

– Ten vierde ons *zelfbewustzijn* van onszelf als subjectief wezen. Dat zelfbewustzijn leidt tot de behoefte ons leven zoveel mogelijk zelf vorm te geven en ons te ontwikkelen en ons te verhouden tot onszelf. Het voert dus tot waarden als zelfbeschikking, identiteit, ontplooiing en vrijheid.

– Ten vijfde onze (zelfbewuste) *sociale intelligentie* die het ons mogelijk maakt om ons in te leven in anderen als subjecten. En zo gelijkwaardige, liefdevolle relaties met hen aan te gaan of, ruimer, rekening te houden met hun belangen. Ons inlevingsvermogen of empathie staat aan de basis van mededogen, vriendschap, liefde en rechtvaardigheid.

Deze menselijke eigenschappen gaan vaak samen en hebben allemaal te maken met ons relatief grote begripsvermogen. Overigens komen deze eigenschappen weliswaar prominent bij de mensensoort naar voren, maar dat betekent daarom nog niet dat ze geheel en al ontbreken bij andere diersoorten. Veel 'hoger ontwikkelde' zoogdiersoorten hebben ze waarschijnlijk gedeeltelijk of zelfs geheel met ons gemeen.

Ook bedoel ik met de aanduiding 'menselijke eigenschappen' niet dat ze bij alle mensen in gelijke mate ontwikkeld zouden zijn. Het gaat me in navolging van iemand als Abraham Maslow[161] om 'human potential', om menselijke

---

[161] Overigens is Maslow voor een groot deel geïnspireerd door de axiologie van Aristoteles. Het begrip 'mededogen' jegens anderen komt voorts prominent voor bij impersonalistische boeddhisten en in de christelijke ethiek (in de vorm van naastenliefde) (Rivas, 2011c). Dit

mogelijkheden dus. In deze axiologische analyse sluit ik trouwens veel meer (maar zeker niet naadloos) aan bij de holistische filosofische antropologen dan in de ontologische analyse van de verhouding tussen lichaam en geest.

5.3. Waarden en geest

Het personalistische dualisme kan geen al te strikt onderscheid maken tussen biologische en niet-biologische waarden, omdat alle waarden in feite geestelijk zijn: ze behoren immers toe aan een geestelijk subject en gaan gepaard met geestelijke gevoelens en gewaarwordingen. Er is echter wel een ander onderscheid mogelijk, namelijk tussen waarden die direct samenhangen met de lichamelijke behoeften en waarden die deze behoeften overstijgen en die betrekking hebben op de geestelijke realiteit zelf.

Lichamelijke behoeften moeten erkend worden omdat je wanneer dat niet gebeurt op den duur zeker zult sterven. Extreme uitzonderingssituaties daargelaten is het lichamelijke leven er voor dualisten namelijk niet om zo snel mogelijk beëindigd te worden. Sommige Griekse wijsgeren dachten daar overigens anders over, zoals blijkt uit de pessimistische spreuk bij Plato "Soma sèma psychès" (het lichaam [is] een graf voor de ziel) of uit de lichaamsverachting bij Plotinus. Toch zou het leven ook in mijn visie erg zinloos zijn als het alleen zou draaien om de instandhouding van het eigen lichaam en de lichamelijke voortplanting.

Binnen de waarden die niet samenhangen met de lichamelijke behoeften kun je weer onderscheid maken tussen ervaringswaarden die niet direct te maken hebben met zingeving, zoals sensualiteit en lichamelijk welbehagen, en waarden die daar wel rechtstreeks mee samenhangen zoals spel, persoonlijke ontwikkeling, schoonheid, vriendschap, liefde en mededogen.
Deze waarden, inclusief de sensuele waarden, zijn trouwens allemaal volledig integreerbaar in een neo-cartesiaanse dualistische axiologie. Het centrale punt binnen een personalistisch-dualistische waardeleer is namelijk niet de kwestie of een waarde iets te maken heeft met lichamelijke sensaties of niet.
De kernvraag is voor elk (ook idealistisch) personalisme steeds: komt een waarde de *persoon zelf* en *andere* personen ten goede of niet? Sensualiteit kan bijvoorbeeld best een waardevol onderdeel uitmaken van iemands leven (156).

---

geeft aan dat men het niet altijd ontologisch eens hoeft te zijn om toch axiologisch overeenstemming te bereiken over waarden en moraal. Het sluit aan bij het idee van axiologische universalia en biedt hoop op verbroedering van de mensheid met behoud van intellectuele vrijheid.

Er is slechts één voorwaarde: de sensualiteit mag – net zoals het geval is voor het bevredigen van de eigenlijke (op zichzelf niet-sensuele) lichamelijke, fysiologische behoeften – geen obstakel vormen voor de zingeving. Zolang de zinnelijkheid geïntegreerd is in het persoonlijke zinvolle leven als geheel is er echter geen reden om haar als dualist ook in die vorm principieel af te wijzen.

Zinnelijkheid noch lichamelijke behoeften maken de geest in welk opzicht ook 'ongeestelijk'; het subjectieve leven kan immers als zodanig nooit opeens materieel worden. Bepaalde waarden maken gebruik van lichamelijke sensaties of expressies, maar dat wil niet zeggen dat een holistisch concept als 'lichamelijkheid' daardoor gesteund zou worden.

Een situatie waarin de lichamelijke behoeften (bij ernstige ziekten) of de sensualiteit (in het geval van verslaving en andere excessen) alle aandacht opeisen is overigens inderdaad onwenselijk. Echter niet omdat het de geest zou verlagen tot de 'modder' van de fysieke wereld, maar omdat het een subject onmogelijk maakt een zinvol leven te leiden[162].

De zingevende waarden dienen de eigen persoon en anderen *als subject* en het zijn deze waarden die het leven in menselijke zin pas echt de moeite waard maken. Ze hebben als zodanig niets meer te maken met fysieke overleving en voortplanting en zouden daarom in principe ook nagestreefd kunnen worden *buiten* deze materiële wereld. Ze komen grotendeels overeen met de zogeheten 'zelf-actualisatie' van de humanistische psychologie van onder meer Abraham Maslow en sluiten ook aan bij allerlei personalistische spirituele stromingen. Over het algemeen is er in de axiologie, gekoppeld aan het nieuwe personalistische dualisme dat hier bepleit wordt, geen sprake meer van een strijd van de geest tegen het lichaam als inherent denkbeeldig gevaar. Het subject dient echter nog wel steeds verzet te bieden tegen *zinloosheid* en *onrecht* die het ons en anderen als personen onmogelijk maken een zinvol bestaan te leiden.

5.4. Seksualiteit
Sensualiteit en zingeving kunnen overigens ook samengaan, namelijk wanneer die sensualiteit een uitdrukking vormt van een zinvolle relatie die het subject met iemand onderhoudt. Zo bieden mensen hun vrienden al gauw koffie, thee of een andere drank aan, en verwennen zij zichzelf regelmatig met een versnapering. Bij lichamelijke tederheid worden aangename lichamelijke gewaarwordingen

---

[162] Dit denkbeeld waarin het dualisme van geest en materie wordt verbonden aan een minachting voor de materiële wereld is met name kenmerkend voor het neoplatonisme.

gebruikt om uiting te geven aan sympathie of medeleven met anderen[163]. Bij seksualiteit kan men zichzelf of anderen erotisch prikkelen met een vergelijkbaar positieve bedoeling.

Deze dualistische visie op sensualiteit luidt daarmee dat deze op zichzelf niet zinvol is maar wel degelijk zin kan krijgen. Dat maakt ook dat zogeheten seksuele liefde inpasbaar is binnen een nieuwe dualistische axiologie *mits* deze ook echt gebaseerd is op liefde voor iemand als persoon. Aantrekking tot iemands lichamelijke schoonheid is namelijk binnen het dualisme iets totaal anders dan aantrekking tot iemand als geestelijke persoon. Een dualist kan liefde dus volledig loskoppelen van seks. Er is seks mogelijk zonder liefde voor de ander als persoon, maar ook diepe liefde voor iemand zonder dat die gepaard gaat met seks. De holistische illusie dat een persoon (grotendeels) samenvalt met zijn of haar lichaam kan juist op erotisch gebied soms overweldigend zijn maar substantialistische dualisten *weten* desondanks beter. (Alleen een substantialist van het aristotelische, hylemorfistische en (neo-)thomistische type zal geloven in een inherente eenheid van lichaam en geest.)

Een beoordeling van personen aan de hand van hun lichamelijke in plaats van geestelijke kwaliteiten is dus in strijd met het dualisme zoals ik dat hier probeer te ontvouwen. We kunnen iemands lijf mooi en aantrekkelijk vinden en er seksueel van genieten. Maar we mogen dat lichaam nooit gelijkstellen aan de waarde van de persoon die het bezielt. Juist dualisten zouden het voortouw moeten nemen waar het gaat om de afwijzing van de identificatie van mensen met hun lichaam. Er is wel een 'eenheid' tussen lichaam en geest in die zin dat beide elkaar functioneel beïnvloeden, maar dit betekent natuurlijk nog niet dat personen zelf uit een eenheid van lichaam en geest bestaan. Subjecten zijn geestelijke wezens die tijdelijk geïncarneerd kunnen zijn in een stoffelijk lichaam, zonder daar een diepere soort eenheid mee te vormen. *Zo beschouwd bestaan er geen mensen (in de holistische zin), maar alleen geesten met of zonder een lichaam.*

Het is duidelijk dat het voorgaande goed aansluit bij een ideaal van seksuele hervorming. Seks en liefde zijn twee duidelijk onderscheidbare categorieën en ze kunnen allebei geïntegreerd worden in een levensgevoel waarbinnen de geestelijke persoon centraal staat. De fysieke kenmerken van het lichaam schrijven ons vanzelfsprekend niets voort wat betreft (levens)partnerkeuze, aangezien het daarbij dient te gaan om de persoon als geestelijk wezen. Het

---

[163] Davis (1993).

enige criterium dat men als personalistisch dualist axiologisch zou moeten hanteren is of de seksuele beleving en praktijken harmoniëren met de eigen zingeving en die van de eventuele ander (zie 5.5)[164].

Hedendaags neo-cartesiaans dualisme hoeft dus helemaal niet vijandig te staan tegenover seksuele vrijheid. Ook het misogyne archetype van vrouwen als bron van (seksueel) verderf kan men daarmee definitief achter zich laten.

Overigens maakt juist een dualistische axiologie een maximale seksuele vrijheid mogelijk. Nu we weten dat we volledig geestelijke wezens zijn, is het a priori bijvoorbeeld ook denkbaar dat enkelen van ons helemaal geen seksualiteit (meer) beleven en toch volledig of optimaal gelukkig zijn. Daar seksualiteit hierbij wordt opgevat als niet intrinsiek zinvol maar als iets wat zinvol kan worden in overeenstemming met voorkeuren en persoonlijk beslissingen, is zij als zodanig niet onmisbaar voor de zingeving. De seksuele hervorming die steunt op het personalistische dualisme maakt het dus mogelijk om bepaalde typen kuisheid te beschouwen als een reëel onderdeel daarvan[165]. Deze gezonde vormen van kuisheid hebben dan wel niets meer te maken met de krampachtige ('castrerende') preutsheid die bijvoorbeeld geassocieerd wordt met de vroege christenen. Ze staan naast andere legitieme keuzes zoals bijvoorbeeld masturbatie, vrije liefde en monogame relaties[166]. *Vrijheid zij het devies!*

5.5. Ethiek
Dualistisch personalisme is een vorm van personalisme. Dit betekent, zoals we al weten, dat je erkent dat geesten niet bestaan uit losse indrukken maar het innerlijk leven uitmaken van *personen* of *subjecten*. Zo'n ontologische positie kan niet zonder gevolgen blijven voor de ethiek. Menselijke personen maar evengoed dierlijke subjecten – en dus niet slechts hun ervaringen – moeten ethisch gezien centraal staan, omdat zij degenen zijn die subjectieve ervaringen ondergaan. Dit sluit mooi aan bij een (primair) deontologische rechtenethiek zoals die tot uiting komt in de mensenrechten en in dierenrechten[167]. Een dergelijke ethiek vraagt steeds welke subjecten er in het spel zijn en hoe hun belangen het beste gediend kunnen worden. In plaats van, zoals in het utilisme, te doen alsof de waarde van ervaringen zelf zomaar – los van degenen die ze

---

[164] En dus niet of men zich met een seksuele partner al dan niet volledig lichamelijk kan 'verenigen' in een fysieke coïtus.

[165] Rivas (1993b).

[166] Rivas (2001a), Rivas (2012).

[167] Rivas (2011a).

ondergaan – opgeteld en afgetrokken kan worden.

Het dualisme maakt voorts in het algemeen een axiologisch en ethisch intuïtionisme mogelijk, dat niet weggelegd is voor materialisten. Dit intuïtionisme kan betrekking hebben op immanente waarden die verankerd liggen in de psychische natuur, of op transcendente platoonse vormen en ideeën.

Overigens betekent het aanhangen van een dualisme *niet* dat men voortaan ethisch heen zou kunnen om een concept als 'fysieke integriteit'. Men hoort ook als dualist respect te houden voor iemands lichaam. Niet omdat iemand daar een intrinsieke, holistische of hylemorfistische eenheid mee zou vormen, maar eenvoudigweg omdat het lichaam toebehoort aan een subject.

5.6. Spiritualiteit

Personalistisch dualisme biedt ruimte voor een rationele of intuïtieve spiritualiteit die uitgaat van de waarde van subjecten, van hun verhouding tot elkaar en van hun verhouding tot (een werkelijkheid van) geesten zonder aards lichaam.

Als er een godheid bestaat – iets wat men binnen het reductionistische materialisme per definitie moet uitsluiten – , dan mag je er op basis van de filosofie van de geest vanuit gaan dat dit een *persoonlijke* god is, dat wil zeggen een *subject*[168]. In die zin zou iedereen bij voorbaat verwant zijn aan een dergelijke godheid. Een eventuele religieuze mystiek zou daarmee gericht moeten zijn op de relatie tussen de concrete ziel en de godheid of goden. Dat kan trouwens binnen het kader van de hier geschetste filosofie a priori alleen *zonder* dat er een ultieme eenwording plaatsvindt tussen ziel en god, waarbij men zichzelf letterlijk zou verliezen in het goddelijke subject. Het alternatief zou namelijk inhouden dat we niet meer zijn dan sub-persoonlijkheden binnen de geest van God, die het enige subject zou zijn. Maar dat leidt logisch gezien onherroepelijk tot een vorm van solipsisme, want slechts één persoon zou daarbij bewust kunnen zijn en de rest zou per definitie onbewust moeten zijn[169].

---

[168] Dat is af te leiden uit hoofdstuk 2 van dit boek: alle subjectieve wezens zijn per definitie personen, in de zin van subjecten. Een subjectief wezen dat geen subject zou zijn is dus een incoherent begrip en dat geldt daarmee ook voor elke godheid. Vergelijk: Lavely (1991).

[169] De pan(en)theïstische visie is in feite onverenigbaar met het personalisme, doordat het miskent dat verschillende persoonlijkheden van hetzelfde subject per definitie wel tegelijkertijd actief kunnen zijn, maar niet tegelijkertijd (bij) bewust(zijn). Zodra verschillende persoonlijkheden los van elkaar bij bewustzijn zijn, moeten er namelijk ook verschillende subjecten bij betrokken zijn, in plaats van slechts één subject dat zich uit in

Aangezien ik de enige persoon ben van wie ik zeker weet dat hij subjectieve ervaringen heeft, zou mij dat tot god maken.

Het concept van persoonlijke onsterfelijkheid en persoonlijke evolutie bieden een positief perspectief op leven en dood, dat in die zin ontbreekt in het materialisme. Tegenstanders van de gedachte van een leven na de dood hebben dit proberen te ontkennen, bijvoorbeeld door te zeggen dat we de dood juist nodig hebben om het leven zin te geven. Of dat het leven na de dood op de korte of langere duur toch alleen maar saai zou kunnen zijn[170]. Dergelijke gedachten snijden echter geen hout. Het leven is namelijk allerminst zinvol *dankzij* de dood, maar juist *ondanks* de dood. En het is op zijn minst zeer fantasieloos om zomaar te poneren dat onsterfelijkheid zich zou kenmerken door een 'dodelijke' verveling. Anders gezegd: het perspectief op een leven na de dood en een persoonlijke ontwikkeling na de dood, is pure winst.

Binnen het neo-cartesiaanse dualisme zoals ik dat voorsta, is er geen sprake meer van principiële minachting voor de materiële wereld en haar geneugten, maar dit wil niet zeggen dat mensen geen redenen kunnen hebben om te verlangen naar een onaardse wereld zoals die zich laat afleiden uit bijna-dood ervaringen en herinneringen bij jonge kinderen aan een 'voorgeborgte' of preëxistentie voor incarnatie. Deze wereld hoeft niet als intrinsiek slecht en verdorven te worden beschouwd om tegelijk te erkennen dat er mooiere werelden kunnen bestaan en dat mensen daar ook ervaringen mee kunnen opdoen. Hoezeer we het hier ook naar onze zin kunnen hebben en hoe zinvol het leven hier ook kan zijn, het is goed denkbaar dat we in die zin in feite allemaal 'ballingen' zijn die ultiem eigenlijk in een vrijere, 'spirituelere' werkelijkheid thuishoren.

Ook hebben we de dood niet nodig om ons te motiveren iets te presteren opdat we later herinnerd worden door ons nageslacht. Psychologisch gezien is er bij geestelijke gezondheid hoe dan ook de drang om zich te ontwikkelen en ontplooien. Veel rationele voorstellingen van een hiernamaals omvatten dan ook een concept van continue persoonlijke evolutie[171].

5.7. Esthetica
Intuïtionisten gaan er doorgaans vanuit dat de waarden die ons menselijk leven

---

verschillende persoonlijkheden.
[170] Vilar (1993), Rivas (2000).
[171] Rivas (2000).

richting geven zoals waarheid en goedheid geen fysieke oorsprong hebben maar gefundeerd zijn in onze onstoffelijke psychische natuur. Dit geldt ook voor een waarde als schoonheid. Het is interessant dat de empirische wetenschap bewijsmateriaal heeft gevonden dat deze opvatting ondersteunt, namelijk in de vorm van meldingen van bijna-doodervaringen, waarin bijna standaard gerept wordt over een bovenaardse schoonheid[172].

---

[172] Rivas (2000b, 2001d); Rivas & Dirven (2010).

Mario Beauregard

Hoofdstuk 6. Personalistisch dualisme en empirische wetenschap

Kortom, ik voorzie dat, als de geest in een wetenschappelijk systeem wordt ingepast, dat systeem enorm vergroot moet worden om ruimte voor die geest te scheppen. J.R. Taylor, *Het Omega Effect*.

6.1. Inleiding

Volgens sommigen is de filosofie van de geest relevant voor wat wel de *analytische* wetenschappen worden genoemd, zoals de logica en de wiskunde. Als de geest niet bestaat of volledig fysiek is, kunnen we geen toegang hebben tot mogelijke onstoffelijke (platoonse) ideeën die ten grondslag zouden liggen aan deze wetenschappen. Anderen beweren echter dat de analytische wetenschappen slechts neerkomen op volledig kwantificeerbare formele kennis[173].

Hoe dit ook zij, de filosofie van de geest vormt zeker een onmisbaar fundament voor empirische wetenschappen die betrekking hebben op diezelfde geest. Het is opvallend dat dit lang niet altijd wordt erkend door wetenschappers zelf. Sommige van hen stellen dat de filosofische vraagstukken die we in vorige hoofdstukken behandeld hebben op zich weliswaar interessant kunnen zijn, maar verder geen consequenties hebben voor hun eigen vakgebied. Ze spreken dan ook wel van de *ontologische neutraliteit* van hun theorieën. Het zou met andere woorden voor veel wetenschappelijke theorievorming helemaal niet echt van belang zijn welke ontologische posities men inneemt[174].

Nu kan men zich inderdaad wetenschappen voorstellen waarvoor dit geldt, zoals de geesteswetenschappen, de sociologie of de sociale psychologie. Voor deze wetenschappen volstaat het waarschijnlijk inderdaad te werken met bepaalde psychologische concepten zonder dat het *nodig* is hier expliciet de filosofie van de geest bij te betrekken. Dit is trouwens ook weer niet *onmogelijk*, zoals blijkt uit het concept 'Wereld 3' van de dualist Karl Popper[175]. Dit is de wereld van de fysieke objecten die gecreëerd zijn door de geest ('Wereld 2') en dus niet

---

[173] Balaguer (2001).

[174] Reeds een grondlegger van de psychologie als Wilhelm Wundt sprak wat dat betreft van de mogelijkheid om psychologie te bedrijven zonder (in ontologische zin) de ziel te erkennen.

[175] Popper (1977).

volledig door de fysieke wereld zelf ('Wereld 1'). Bedoeld zijn cultuurdragers zoals boeken, partituren, computersystemen, films, geluidsbanden of kunstvoorwerpen.

Er zijn echter ook wetenschappen waarbij de filosofie van de geest pertinent niet buiten de deur gehouden kan worden. Dit zijn al die wetenschappen die expliciet of impliciet gebaseerd zijn op die filosofie. We kunnen daarbij onderscheid maken tussen wetenschappen die te maken hebben met de geest zelf en wetenschappen die draaien om de wisselwerking tussen een geest en andere delen van de werkelijkheid.

Volgens sommige materialisten en epifenomenalisten zijn er overigens geen empirische menswetenschappen of dierpsychologie meer mogelijk als het interactionisme juist is. Deze mening is gebaseerd op de misvatting dat interactie gelijkstaat aan chaos en niet wetmatig kan zijn.

6.2. Psychonomie en cognitiewetenschappen
De in hoofdstuk 2 behandelde concepten van een psychisch geheugen en een psychische natuur zijn van belang voor de psychologische functieleer of psychonomie en de cognitiewetenschappen. De werking van het psychische geheugen is immers zoals we al zagen niet af te leiden uit de werking van een mogelijke neurologische opslag van informatie. Dit is van belang voor de studie van het geheugen zelf, maar daardoor ook van de cognitie en taal.
Ook de theorievorming van de perceptie die volgens gangbare psychologische opvattingen grotendeels bepaald wordt door de cognitie kan niet om het concept van een psychisch geheugen heen. De psychologische functieleer zal zo ook de invloed van de geest op het lichaam in de vorm van psychomotoriek en psychosomatische[176] gevolgen van geestelijke emoties moeten erkennen. Dit heeft verder ook weer gevolgen voor vormen van toegepaste psychologie, zoals revalidatiepsychologie en gezondheidspsychologie, alsmede voor de psychoneuroimmunologie.

Ook de motivationele psychologie kan redelijkerwijs niet langer benaderd worden vanuit een reductionistisch, genetisch determinisme. In plaats daarvan moeten psychologen rekening houden met *psychogene* motivatie, die niet draait om evolutionair voorgeprogrammeerde instincten, maar om subjectieve ervaringen en om het bewustzijn van zichzelf als geestelijk wezen. De

---

[176] Zie Davison & Neale (1986), hoofdstuk 8, "Psychophysiological Disorders"; Rivas (1999b).

psychische natuur moet daarbij erkend worden als bron van motivationele processen.

Wat psychologen over het algemeen dienen te beseffen is dat het psychologisch functioneren niet gereduceerd kan worden tot de hersenactiviteit maar voor een groot deel bepaald wordt door eigen principes. Anders dan zich steeds meer te oriënteren op de neurologie is het van groot belang dat men vasthoudt aan de formulering van eigen, echt psychologische theorieën.

Personalistisch dualisme zoals hier bepleit wil overigens zeker niet zeggen dat mensen voortaan uitsluitend gezien moeten worden als strikt rationele soevereine subjecten. Zoals ik eerder in dit boek heb gezegd kunnen we niet heen om het bestaan van onbewuste *geestelijke* processen en *geestelijke* emoties. In die zin hoort men ook de irrationele en a-rationele aspecten van de geest volledig te verdisconteren binnen een neo-cartesiaanse psychologie.

Sommige psychologen proberen een zogeheten methodologisch materialisme toe te passen binnen hun onderzoek. Dit houdt in dat je geen uitspraken doet over de ontologie van de geest, maar je methodisch uitsluitend richt op fysieke factoren die betrokken zijn bij het gedrag van mens en dier. Hopelijk is inmiddels duidelijk geworden dat dit methodologisch materialisme geen bevredigende basis kan vormen voor psychologisch onderzoek, omdat we bij voorbaat weten dat het materialisme onjuist is.

6.3. Persoonlijkheidsleer en ontwikkelingsleer

Door de filosofische argumenten voor een overleven na de dood van het subject en zijn persoonlijkheid (behandeld in hoofdstuk 2), moeten beoefenaars van de persoonlijkheidsleer en ontwikkelingsleer openstaan voor parapsychologische theorieën over persoonlijke reïncarnatie[177], waarvoor inmiddels zowel kwantitatief en kwalitatief indrukwekkend bewijsmateriaal bestaat[178].
De persoonlijkheid is primair een psychologische grootheid in plaats van slechts het fysieke gevolg van een samenspel van genen en omgeving. Juist in de persoonlijkheidsleer en ontwikkelingspsychologie komt het erop aan mensen op te vatten als geestelijke wezens die zich mogelijk over meer dan één leven

---

[177] Stevenson (1974, 1977, 1987, 1997a, 1997b), Rivas (1999e, 2000, 2001c), Almeder (1987), Klink (1994). Zie ook paragraaf 6.6.

[178] Dat veel intellectuelen daar desondanks niet van op de hoogte zijn, heeft alles te maken met de afwijzing van personalistisch dualisme als ontologische basis van empirische wetenschap.

ontwikkelen. Hoe meer empirisch bewijsmateriaal voor persoonlijke reïncarnatie er wordt verzameld (en dit bewijsmateriaal is nu reeds zeer indrukwekkend), hoe belangrijker het voor psychologen wordt de ontwikkeling binnen een leven op te vatten als een onderdeel van een ruimere ontwikkeling van persoonlijke evolutie.

6.4. Neurologie

Veel neurologen zullen de geest nog steeds materialistisch of epifenomenalistisch benaderen, wat ook doorwerkt in hun theorieën over de verhouding tussen de geest en de hersenen. Een voorbeeld daarvan hebben we reeds gezien in de interpretatie van gegevens rond split-brain patiënten.

Het is de hoogste tijd dat neurologen en neuropsychologen doorkrijgen dat zowel materialisme als property-dualisme weerlegd zijn. Dan kan men eindelijk ook een hardnekkig misverstand de wereld uit helpen over de invloed van de hersenen op de geest. Velen denken namelijk nog steeds dat het dualistisch interactionisme hier geen raad mee zou weten, *terwijl interactionisten nu juist per definitie het bestaan van zo'n beïnvloeding erkennen*[179].

Een dualistische benadering van de verhouding tussen hersenen en geest maakt het bovendien mogelijk om allerlei fenomenen die nu als anomalieën zoveel mogelijk worden weggemoffeld op te nemen in een bevredigende wetenschappelijke theorie. We kunnen daarbij bijvoorbeeld denken aan de gevallen van John Lorber van patiënten met een waterhoofd die slechts een fractie van de normale cortex bezaten, maar toch beschikten over een 'normale' tot 'bovennormale' intelligentie. Ook gevallen van herinneringen aan vorige levens of herinneringen aan ervaringen tijdens een toestand van klinische dood, die niet passen in een materialistische theorie van het geheugen, kunnen geïntegreerd worden in een dualistische theorie van de interactie tussen het psychische geheugen en het brein.

Een dualistische neuropsychologie is een discipline die beseft dat de geest als zodanig niet afhankelijk is van de hersenen, maar daar alleen door beïnvloed kan worden in zijn functioneren. Ze neemt ook vastberaden afstand van de mythe van de volledige parallellie tussen neurologische en psychologische processen welke wordt aangehangen door mensen die het interactionisme afwijzen.

Een neo-cartesiaanse neuropsychologie gaat voorts niet langer uit van de identiteit tussen geest en brein maar beschouwt de verbinding tussen beide als

---

[179] Rivas (1993a).

94

ingebed binnen een tijdelijke 'incarnatie' van het subject in de hersenen.

Dit alles is ook van belang voor de psychiatrie in die zin dat psychologische problemen lang niet altijd een neurologische tegenhanger hoeven te kennen. Dat maakt zowel verschil voor de psychiatrische theorievorming als voor de psychiatrische behandeling[180].

6.5. Dierpsychologie
De dierpsychologie is in feite afhankelijk van (bijna) dezelfde soort subdisciplines als de humane psychologie. Door toepassing van de in Hoofdstuk 3 behandelde analogieredenering kunnen veel dualistische psychologische en interactionistische theorieën ook geschikt worden gemaakt voor de dierpsychologie.

Interesse in dieren als subjecten kan zoals Barbara Noske heeft aangetoond ook leiden tot een sociologische en culturele zoölogie[181].

Zodra we erkennen dat zeer veel dieren net als mensen subjecten zijn, kunnen we ze niet langer alleen fysiologisch of biologisch bestuderen. Het wordt dan ook zaak om ze specifiek psychologisch te doorgronden[182]. Dogmatische verwijten van antropomorfisme mogen een ontwikkeling van een waarlijk psychologische dierpsychologie niet langer belemmeren.

6.6. Parapsychologie
Materialisten beschouwen de parapsychologie doorgaans als een vorm van pseudowetenschap, waar zij bijvoorbeeld ook de astrologie of homeopathie toe rekenen. Dit is niet erg verwonderlijk omdat parapsychologen in bijna al hun onderzoekingen bij voorbaat uitgaan van het bestaan van een onreduceerbare geest die actief invloed uitoefent op de werkelijkheid.

De parapsychologie omvat enkele subdisciplines. Aan de ene kant hoort hier in ieder geval de studie van buitenzintuiglijke waarneming (helderziendheid en telepathie) en psychokinese of telekinese bij. Het gaat daarbij om vormen van directe perceptie, directe communicatie en directe beïnvloeding van de materiële wereld. De geest staat hierbij in wisselwerking met de buitenwereld zonder de normale sensorische en motorische systemen van zijn lichaam te gebruiken.

---

[180] Rivas (2000).
[181] Noske (1988).
[182] Rivas (1997).

Anderzijds is er de studie van een overleven na de dood en reïncarnatie. Voorts is er nog parapsychologisch onderzoek naar een mogelijk fijnstoffelijk lichaam en naar zinvolle toevalligheden oftewel synchroniciteit.

Anders dan materialisten en epifenomenalisten een groot publiek willen doen geloven, bestaat er voor praktisch alle parapsychologische fenomenen inmiddels zeer veel goed en betrouwbaar bewijsmateriaal. Een ontologische en wetenschapstheoretische dualistische revolutie zou de parapsychologie dan ook zeker in hoge mate ten goede komen.
Binnen het parapsychologische onderzoek naar leven na de dood kan de filosofische argumentatie voor de onsterfelijkheid van de persoonlijke ziel goede diensten bewijzen.

Daarbij zou een doorbraak van de parapsychologie ook gepaard moeten gaan met ethisch verantwoord onderzoek naar de parapsychologie van dieren[183], dat wil zeggen: zonder dat dieren hiervoor gevangen moeten worden gehouden.

6.7. Godsdienstpsychologie
Een tak van de psychologie die voor haar theorievorming die indirect afhankelijk is van een dualistische ontologie is de godsdienstpsychologie. Dat wil zeggen dat de interpretatie van godsdienstige ervaringen mede afhangt van de vraag of er onstoffelijke geesten of goden kunnen bestaan[184]. Een materialistisch wereldbeeld biedt daar anders dan het dualisme (en idealisme) duidelijk geen ruimte voor.

---

[183] Zie bijvoorbeeld: Broughton (1995); Van Dongen (1994); Bem & Honorton (1994); Bierman, Van Dongen et al. (1992); Rivas (2011a).
[184] Vanzelfsprekend geldt dit ook voor de godsdienstfilosofie en elke eventuele theologie.

Literatuurlijst

– Almeder, R. (1987). *Beyond Death: Evidence for Life After Death*. Springfield, IL: Charles C. Thomas.

– Anderson, A. (1998). Pluralistic idealism. *Society for the Study of Metaphysical Religion, 4*: 1.

– Armstrong, D.M. (1993). *A Materialist Theory of the Mind* (2e druk). London: Routledge.

– Aster, E. von (1980. *Geschichte der Philosophie* (17de druk). Stuttgart: Alfred Kröner Verlag.

– Balaguer, (2001). *Platonism and anti-platonism in mathematics*. Oxford: Oxford University Press.

– Bayne, T. (2001). Co-consciousness: Review of Barry Dainton's Stream of Consciousness. *Journal of Consciousness Studies 8*: 79-92.

– Bayne, T., & Chalmers, D. (ongedateerd). *What is the unity of consciousness?* Paper published by the Department of Philosophy, University of Arizona.

– Beloff, J. (1962). *The existence of mind*. New York: Citadel Press.

– Beloff, J. (1976). Mind-body interactionisme in the light of the parapsychological evidence. *Theoria to Theory, vol. 10*.

– Beloff, J. (1987). Parapsychology and the mind-body problem. *Inquiry, 30*, 215.

– Beloff, J. (1988). *The importance of psychical research*. London: SPR.

– Bem, D., & Honorton, C. (1994). Does psi exist? Replicable evidence for an anomalous process of transformation transfer. *Psychological Bulletin, 115*, 4-18.

– Bender, F. (1965). *George Berkeley*. Baarn: Het Wereldvenster.

– Bergsma, A. (1998). Het brein van Steven Pinker. *Psychologie, 17*, maart, 34-37.

– Bergson, H. (1908). *Matière et mémoire*. Parijs : Félix Alcan.

– Bergson, H. (1944). *L'énergie spirituelle: Essais et conférences*. Parijs: Presses Universitaires.

– Bierman, D.J., Dongen, H. van, e.a. (1992). *Fysica en parapsychologie*. Utrecht: Studievereniging voor Psychical Research.

– Blakemore, C., & Greenfield, S. (Eds.) (1987). M*indwaves: Thoughts on intelligence, identity and consciousness*. London.

– Boer, Th. De (1980). *Grondslagen van een kritische psychologie*. Baarn: Ambo.

– Bohm, D. J. (1980). *Wholeness and the implicate order.* Boston: Routledge & Kegan Paul.

– Bol, A. (1993). De mens: geen engel, geen dier. *Prana, 78,* 75-81.

– Bolzano, B. (1970). *Athanasia oder Gründe Für die Unsterblichkeit der Seele* (ongewijzigde herdruk van origineel uit 1838). Frankfurt am Main.

– Braine, D. (1992). T*he human person: animal & spirit.* Notre Dame (Indiana): University of Notre Dame Press.

– Braude, S.E. (1995). *First Person Plural: Multiple Personality and the Philosophy of Mind.* Lanham, MD: Rowman & Littlefield.

– Broad, C.D. (1925). *The Mind and Its Place in Nature.* London: Routledge & Kegan Paul.

– Broughton, R.S. (1995). *Parapsychologie: een wetenschap in beweging.* Deventer: Ankh-Hermes.

– Buytendijk, F.J.J. (1965). *Prolegomena van een antropologische fysiologie.* Utrecht/Antwerpen: Spectrum.

– Ceton, C. (2002). Interview met Kwasi Wiredu. *Filosofie Magazine, 11,* 5, 12-15.

– Chakrabarti, K.K., Chakrabarti, Ch. (1991) Toward dualism: The Nyaya-Vaisesika way. *Philosophy East & West, 41,* 4, 477-491.

– Chakravarty, A.S. (1985). The physical basis of consciousness. *International Journal of Paraphysics, vol. 19,* 3 + 4.

– Chalmers, D. (1996). *The conscious mind: In search of a fundamental theory.* Oxford, Oxford University Press.

– Chalmers, D. (2002). The puzzles of conscious experience. *Scientific American, The Hidden Mind,* 90-98.

– Chisholm, R.M. (1976). *Person and Object: A Metaphysical Study.* La Salle, Il.: Open Court.

– Churchland, P. (1986). *Neurophilosophy: Toward a Unified Science of the Mind-Brain.* MIT Press.

– Crul, H. (1993). Tussen sympathie en scepsis. *Prana, 78,* 4-10.

– Damasio, A. R. (1994). *Descartes' Error: Emotion, Reason, and the Human Brain.* New York: Grosset/Putnam.

– Damasio, A.R. (2002). How the brain creates the mind. *Scientific American, The Hidden Mind,* 4-9.

– Davis, Ph. (1993). *Liefdevolle aanraking.* Deventer: Ankh-Hermes.

– Davison, G.C., & Neale, J.M. (1986). *Abnormal Psychology.* New York, etc.: John Wiley & Sons.

– Dawkins, R. (1989). *The Selfish Gene* (tweede druk). Oxford: Oxford University Press.

– Dembski, W.A. (2000). *Intelligent Design Coming clean*. Online Paper.

– Dennett, D.C. (1995). *Het bewustzijn verklaard*. Uitgeverij Contact.

– Descartes, R. (1897-1913). *Oeuvres de Descartes*, gepubliceerd door Charles Adam en Paul Tannery. Parijs.

– Dietz, P. (1939). *Wereldzicht der parapsychologie*. Amsterdam.

– Dilley, F.B. (1988), Mind-brain interaction and PSI. S*outhern Journal of Philosophy*, *26*, 469-480.

– Dilley, F.B. (1989). Making clairvoyance coherent. *Journal of the Society for Psychical Research*, *55*, 241-250.

– Dilley, F.B. (1990). Telepathy and mind-brain dualism. *Journal of the Society for Psychical Research*, *56*, 819, 129-137.

– Dongen, H. van (1984). De ongrijpbaarheid van paranormale verschijnselen; subject en object in de parapsychologie. *Tijdschrift voor Parapsychologie*, *52*, 2, 33-38.

– Dongen, H. van (1990a). De veelheid van de ziel. *Prana*, *59*, 13-27.

– Dongen, H. van (1990b). J.J. Poortman over subtiele lichamelijkheid. *Tijdschrift voor Parapsychologie*, *58*, 3/4, 2-17.

– Dongen, H. van (1993a). Totalitair denken: onzinnig, onzindelijk. *Prana*, *78*, 34-41.

– Dongen, H. van (1993b). Wat is psychisch (en is dat alles?). *Prana*, *78*, 82-85.

– Dongen, H. van (1994). *Para? Normaal!* Deventer: Ankh-Hermes.

– Dongen, H. van (1999). *Geen gemene maat*. Leende: Damon.

– Dongen, H. van, Gerding, H., & Sneller, R. (2011). *Wilde beesten in de filosofische woestijn*. Kampen: Ten Have.

– Dongen, H. van, & Gerding, J.L.E. (1983). *PSI in wetenschap en wijsbegeerte*. Deventer: Ankh-Hermes.

– Dongen, H. van, & Gerding, J.L.E. (1993). *Het voertuig van de ziel*. Deventer: Ankh-Hermes.

– Dorp, F. v. (1999). *Interoceptie & Quintessens in de filosofie van Merleau-Ponty*. Nijmegen: KUN, wijsgerige antropologie/filosofie van de geneeskunde/filosofie van de psychologie.

– Drewerman, E. (1993). *Over de onsterfelijkheid van dieren*. Amsterdam: De Driehoek.

– Driesch, H. (1922). *Wirklichkeitslehre: Ein Metaphysischer Versuch*. Leipzig.

– Draaisma, D., & Vries, R. de (1989). *Lichaam en geest in psychologie en geneeskunde*. Amsterdam: Swets & Zeitlinger.

– Dreyfuss, H.C. (1972). *What computers can't do: a critique of artificial reason*. New York: Harper & Row.

– Dijksterhuis, E.J. (1975). *De mechanisering van het wereldbeeld*. Amsterdam:

Meulenhoff.

– Eccles, J.C. (1980). *The human psyche*. New York: Springer-Verlag.

– Eccles, J.C. (1994). *How the self controls its brain*. Berlin & New York: Springer-Verlag.

– Eccles, J.C., & Robinson, D.N. (1984). *The wonder of being human*. New York: Free Press.

– Edel, A. (1982). *Aristotle and his philosophy*. Londen.

– Fechner, G. (1921). *Nanna oder über das Seelenleben der Pflanzen* (eerste editie: 1848). Leipzig: Verlag von Leopold Voss.

– Feser, E. (2011). *Vallicella on hylemorphic dualism*, op http://edwardfeser.blogspot.com (en het vervolg van de discussie op die blogspot).

– Foster, J. (1982). *The case for idealism*. Londen: Routledge & Kegan Paul.

– Foster, J. (1983). *Ayer*. Londen: Routledge & Kegan Paul.

– Foster, J. (1991). *The immaterial self: A defence of the cartesian dualist conception of the mind*. Londen: Routledge.

– Foster, J. (1994). The token identity thesis, in Warner, R., & Szubka, T. *The Mind-Body problem: A guide to the current*. Oxford: Blackwell.

– Foster, J. (2000). *The nature of perception*. Oxford: Oxford University Press.

– Frankl, V. (1963/2000). *Man's search for meaning: An introduction to logotherapy*. Boston: Beacon Press.

– Gadamer, H.G. (1986). *Wahrheit und Methode: Grundzüge einer philosophischen Hermeneutik* (5e druk). Tübingen: Mohr.

– Gallup, G. G. (1991). Toward a comparative psychology of self-awareness: Species limitations and cognitive consequences. In G. Goethals & J. Strauss (ed). *The Self: An Interdisciplinary Perspective*. Berlin: Springer-Verlag.

– Gauld, A. (1982). *Mediumship and survival: a century of investigations*. Londen: Heinemann.

– Gerding, J.L.F. (1993). *Kant en het paranormale*. Utrecht: Parapsychologisch Instituut.

– Giorgi, A. (1978). *Fenomenologie en de grondslagen van de psychologie*. Amsterdam: Boom.

– Goetz, S., & Taliaferro, Ch. (2011). *A Brief History of the Soul*. Wiley-Blackwell.

– Goldenberg G., Müllbacher W., & Nowak A. (1995) Imagery without perception – a case study of anosognosia for cortical blindsight. *Neuropsychologia 33*:1373-1382.

– Griffin, D. (1981). *The question of animal awareness* (2nd edition). New York: Rockefeller University Press.

– Griffin, D. (1984). *Animal thinking*. Cambridge: Cambridge University Press.
– Griffin, D. (1992). *Animal Minds* (Chicago: University of Chicago Press).
– Griffin, D.R. (1997). *Parapsychology, philosophy and spirituality: a postmodern exploration*. Albany: State University of New York Press.
– Grind, W.N.A. van de, & Lokhorst, G.J.C. (2001). Hersenen en bewustzijn: van pneuma tot grijze massa. In: Frank Wijnen & Frans Verstraten, eds., *Het brein te kijk: verkenning van de cognitieve neurowetenschappen*, pp. 217-246. Lisse: Swets en Zeitlinger.
– Hart, W.D. (1988). *The engines of the soul*. Cambridge University Press.
– Heymans, G.H. (1933). *Inleiding in de metaphysica op grondslag der ervaring*. Amsterdam: Wereldbibliotheek.
– Hofstadter, D.R., & Dennet, D.C. (eds.) (1981) *The Mind's I: Fantasies and reflections on self and soul*. New York: Basic Books.
– Hume, D. (1956). *A treatise of human nature* (herdruk van werk uit 1738). Londen: Everyman's Library.
– Inglis, B. (1988). Review of The Oxford Companion to the Mind, edited by Richard L. Gregory. *Journal of the Society of Psychical Research*, *55, 813*, 236-237.
– Jackendoff, R. (1990). *Consciousness and the computational mind*. Cambridge, Mss.: MIT Press.
– Jackson, F. (1982). Epiphenomenal qualia. *Philosophical Quarterly*, *32*, 134.
– Jahn, R.G., & Dunne, B.J. (1987). *Margins of Reality: The Role of Consciousness in the Physical World*. New York-San Diego: Harcourt Brace Jovanovich.
– James, W. (1890). *The principles of psychology*. New York: Dover.
– Kant, I. (1974). *Kritik der reinen Vernunft* (herdruk). Frankfurt am Main: Minerva.
– Kayzer, W (1993). *Een schitterend ongeluk*. Amsterdam.
– Klink, J. (1994). *Vroeger toen ik groot was: vérgaande herinneringen van kinderen*. Baarn: ten Have.
– Koestler, A. & Smythies, J.R. (Eds.) (1972). *Beyond reductionism*. New York.
– Kristeller, P.O. (1972). *Die Philosophie des Marsilio Ficino*. Frankfurt am Main.
– Lamettrie, J.O. de (1978). *De mens een machine* (Vertaling). Amsterdam.
– Lansky, A.L. (1996). *Consciousness as an active force*. Los Altos: Renaissance Research.
– Larmer, R. (1986). Mind-body interactionism and the conservation of energy. *International Philosophical Quarterly 26*, 277-85.
– Lavely, J. H. (1991). What is personalism? *Personalist Forum*, *7*, 2, 1-33.

– Levinas, E. (1994). *Tussen ons: Essays over het denken aan de ander.* (oorspronkelijk: Entre nous). Baarn: Uitgeverij Ambo.
– Lloyd, P.B. (1994). The physical world is a fiction. *Philosophy Now*, 11.
– Lloyd, P.B. (1999). *Berkeleian ontology as a fundamental approach to consciousness.* Tokyo: Conference "Toward a science of consciousness".
– Lokhorst, G.J.C. (1986). *Brein en bewustzijn: de geest-lichaam theorieën van moderne hersenonderzoekers.* Delft: Uitgeverij Eburon.
– Lokhorst, G.J.C. (1996). Het mysterie van de ziel. *NRC Handelsblad, Bijlage Profiel*, 10 oktober, 1.
– Lommel, P., Wees, R. van, Meyers, V. & Elfferich, I. (2001). Near-death experience in survivors of cardiac arrest: a prospective study in theNetherlands. *The Lancet, 358,* 2039-2045.
– Lonner, W.J. (2000). Revisiting the search for psychological universals. *Cross-Cultural Psychology Bulletin, 34* (1-2), 34-37.
– Lorber, J. (1981). Is your brain really necessary? *Nursing Mirror, 152,* 29-30.
– Lund, D.H. (1994). *Perception, mind and personal identity: a critique of materialism.* New York/Londen: University Press of America.
– Mac Kenna, S. (1962). *Plotinus: The Enneads.* Londen: Faber and Faber Limited.
– Madell, G. (1984). *The identity of the self* (herdruk). Edinburgh.
– Madell, G. (1992). Review of "Immortality" edited by Paul Edward. *Journal of the Society for Psychical Research, 59,* 831.
– Marcel, G. (1955). *The influence of psychic phenomena on my philosophy.* Londen: SPR.
– Marres, R. (1985). *Filosofie van de geest.* Muiderberg: Coutinho.
– Marres, R. (1989). *In defense of mentalism: A critical review of the philosophy of mind.* Amsterdam.
– Marres, R. (1991). *Persoonlijke identiteit na het verval van de ziel.* Muiderberg: Coutinho.
– Martin, R., & Barresi, J. (2000). *Naturalization of the Soul: Self and Personal Identity in the Eighteenth Century.* New York: Routledge.
– Maso, I. (1997). *De zin van het toeval.* Baarn: Ambo.
– Maslow, A. (1987). *Motivation and Personality* (3rd Ed). New York: Harper & Row.
– McGinn, C. (1999). *Mysterious Flame: Conscious Minds in a Material World.* New York: Basic Books.
– Merleau-Ponty, M. (1945). *Phénoménologie de la perception.* Parijs: Gallimard.
– Moncrieff, M.M. (1973). *The clairvoyant theory of perception: a new theory of*

vision. Londen.

– Mooij, A.W.M. (1988). *De psychische realiteit: over psychiatrie als wetenschap*. Meppel: Boom.

– Müller, A. (1985). *Antropologie als philosophische Reflexion über den Menschen*. Münster, Westfalen: Aschendorff.

– Nagel, T. (1979). *Mortal questions*. Cambridge Mss.: Cambridge University Press.

– Nietzsche, F. (1992). *Herwaardering van alle waarden* (vertaling). Amsterdam.

– Noske, B. (1988). *Huilen met de wolven: een interdisciplinaire benadering van de mens-dier relatie*. Amsterdam: Van Gennep.

– Noske, B. (1991). Dieren als vergeten subjecten in de antropologie. *Antropologische Verkenningen, 10*, 2, 1-8.

– Nuber, U. (1993). *De valkuil van het egoïsme*. Baarn: Ambo.

– Onfray, M. (1993). *De kunst van het genieten: Pleidooi voor een hedonistisch materialisme*. Baarn: Ambo.

– Ortt, F. (1943). *Superkosmos: filosofie van het occultisme en het spiritisme*. Den Haag.

– Österreich, T.K. (1910). *Die Phänomenologie des Ich in ihren Grundproblemen*. Leipzig.

– Parfit, D. (1984). *Reasons and Persons*. Oxford: Clarendon Press.

– Parnia, S., Walter, D.G., Yeates, R. & Fenwick, P. (2001). A qualitative study of the incidence, features and aetiology of near death experiences in cardiac arrest survivors. *Resuscitation, 48*, 149-156.

– Penfield, W. (1975). *The mystery of the mind: a critical study of consciousness and the human brain*. Princeton, NJ.: Princeton University Press.

– Penrose, R. (1989). *The Emperor's New Mind*. Oxford: Oxford University Press.

– Penrose, R. (1996). *Shadows of the Mind: A Search for the Missing Science of Consciousness*. Oxford: Oxford University Press.

– Plato (1995). *Phaedo* (Oxford Classical Texts. Vol. I.). Oxford: Oxford University Press.

– Polignac, M. de (1968). *Anti-Lucretius of over God en de natuur* (vertaling). Assen.

– Poortman, J.J. (1954). *Ochêma – geschiedenis en zin van het hylisch pluralisme, deel I*. Assen: Van Gorcum, Hak & Prakke.

– *Poortman, J.J. (1958). Ochêma – geschiedenis en zin van het hylisch pluralisme, deel II. Assen: Van Gorcum, Hak & Prakke.*

– Poortman, J.J. (1929). *Tweeërlei subjectiviteit*. Haarlem: Tjeenk Willink.

– Popper, K. R. (1945). *The Open Society and its Enemies*. Londen: Routledge and Kegan Paul.

– Popper, K.R. en Eccles, J.C. (1977). *The Self and Its Brain*. Berlin: Springer.

– Quine, W.V. (1960). *Word and Object*. Cambridge, Mass.: MIT Press.

– Quinton, Anthony. 1973. *The Nature of Things*. London: Routledge and Kegan Paul.

– Radhakrishnan, S. (1977). *Indian Philosophy, vol. 2*. London: Allen and Unwin.

– Ramesvara, Swami Srila. (Ed.) (1984). *Origins: Higher dimensions in Science*. Los Angeles.

– Rivas, E., & Rivas, T. (1991a). Bewustzijn bij dieren. A*ntropologische Verkenningen*, *10/2*, 32-40.

– Rivas, E., & Rivas, T. (1991b). Does consciousness exist in animals? *Euroniche Newsletter*, *6*, 5.

– Rivas, E., & Rivas, T. (1992). Zijn de mensen de enige dieren met bewustzijn? *Prana*, *72*, 83-88.

– Rivas, E., & Rivas, T. (1993a). *Afstudeeronderzoek 'Bewustzijn bij dieren'*. Utrecht: RUU, Psychonomie, Theoretische Psychologie.

– Rivas, E., & Rivas, T. (1993b). The question of animal awareness and the culture of science, in: Hicks, E.K. (Editor). *Science and the Human-Animal Relationship*. Amsterdam: Netherlands Universities Institute for Coordination of Research in Social Sciences.

– Rivas, T. (1989). Making clairvoyance coherent: comment. *Journal of the Society for Psychical Research*, *55*, 816, 434-435.

– Rivas, T. (1990). Telepathy and mind-brain dualism: comment. J*ournal of the Society for Psychical Research*, *56*, 821, 312-313.

– Rivas, T. (1991a). *The logical necessity of the survival of personal memory after physical death*. Rajsamand: International conference on the survival of human personality.

– Rivas, T. (1991b). Internationaal individualisme. *ISAN-Nieuwsbulletin*, *1*, 1, 11.

– Rivas, T. (1992a). Bewustzijn: een overzicht van vraagstukken. *Berichten uit Psychopolis*, *7*, 2, 27-33.

– Rivas, T. (1992b). Bewust van bewustzijn: een reactie op Ronald Lemmen. *Berichten uit Psychopolis*, *7*, 4, 23-26.

– Rivas, T. (1992c). Waarom reïncarnatie waarschijnlijk lijkt. *Prana*, *74*, 52-55.

– Rivas, T. (1993a). De mysterieuze relatie tussen hersenen en geest. *Prana*, *78*, 69-74.

– Rivas, T. (1993b). Geïnspireerd door Athene: Kuisheid als gezond onderdeel van leefwijzen. *Prana*, *80*, 23-26.

– Rivas, T. (1993c). Reïncarnatie-onderzoek: Op zoek naar de zuinigste toereikende hypothese. *Spiegel der Parapsychologie, 32*, 3/4, 171-188.

– Rivas, T. (1994). *Filosofische grondslagen van empirisch onderzoek naar leven na de dood.* Amsterdam: Eindscriptie voor systematische wijsbegeerte (Universiteit van Amsterdam).

– Rivas, T. (1995). Dieren: robots of subjecten? *Leven en laten leven.*

– Rivas, T. (1996). Filosofie van de persoonlijke onsterfelijkheid: grondslagen voor survivalonderzoek. *Tijdschrift voor Parapsychologie, 64*, 3/4, 27-44.

– Rivas, T. (1997). Hebben dieren een bewustzijn? *Psychologie, juli/augustus,* 22-25.

– Rivas, T. (1999a). A question of parsimony: animals and PSI. *The Paranormal Review, 9*, 9-10.

– Rivas, T. (1999b). Intrasomatische parergie: theoretische beschouwingen. *Spiegel der Parapsychologie, 37*, 1, 25-35.

– Rivas, T. (1999c). Analytical argumentation and the theoretical foundation of psychical research I: arguments for the causal efficacy of mind. *The Paranormal Review, 10*, 33-35.

– Rivas, T. (1999d). Analytical argumentation and the theoretical foundation of psychical research II: the efficacy of the mind in general. *The Paranormal Review, 11*, 34-35.

– Rivas, T. (1999e). Het geheugen en herinneringen aan vorige levens: neuropsychologische en psychologische factoren. *Spiegel der Parapsychologie, 37*, 2-3, 81-104.

– Rivas, T. (1999/2000). Bestaat er een dierlijke ziel? *Gezond Idee!, 46*, 12-13.

– Rivas, T. (2000a). *Parapsychologisch onderzoek naar reïncarnatie en leven na de dood.* Deventer: Ankh-Hermes.

– Rivas, T. (2000b). Herinneringen aan een periode tussen twee levens. *Prana, 120*, 33-38.

– Rivas, T. (2000/2001). Diergebruik als traditie. *Gezond Idee!, 49*, 22-23.

– Rivas, T. (2001a). Seksuele intolerantie. *OK Magazine, 78*, 6-8.

– Rivas, T. (2001b). Lezersreactie op stelling van Cameron Duodu. *Wordt Vervolgd, 34*, 25.

– Rivas, T. (2001c). Tweelingen en reïncarnatie. *Prana, 125*, 58-63.

– Rivas, T. (2001d). Heel wat meer dan niets: herinneringen aan een tussenperiode. *Prana, 127*, 89-93.

– Rivas, T. (2002). Kinderen en het fijnstoffelijke lichaam. *Prana, 131*, 78-83.

– Rivas, T. (2011a). *Onrechtvaardig diergebruik* (derde druk). Lulu.com.

– Rivas, T. (2011b). *Filosofische grondslagen van parapsychologisch onderzoek naar leven na de dood.* Athanasia Producties/Lulu.com.

– Rivas, T. (2011c). Compassie als universele waarde. *Koorddanser, 28*, 291, 4-5.

Rivas,

– Rivas, T., & Dongen, H. van (2001). Exit epifenomenalismo: la demolición de un refugio. *Revista de filosofía, 57*, 111-129.

– Rivas, T., & Dongen, H. van (2003). Exit Epiphenomenalism: The Demolition of a Refuge. *Journal of Non-Locality and Remote Mental Interactions, II*, 1.

– Rivas, T., & Dongen, H. van (2009). Exit epifenomenalisme: het einde van een vluchtheuvel. *Gamma, 16*, 1, 12-36.

– Robertson, F.S. (1989). Some implications of the voluntary control of visual perception. *Journal of the Society for Psychical Research, 56*, 303-310.

– Robertson, F.S. (1990). The missing factor in thinking super-computers. *Journal of the Society for Psychical Research, 56*, 300-305.

– Robertson, F.S. (1991). The physical equivalents of paranormal phenomena. *Journal of the Society for Psychical Research, 57*, 359-361.

– Robertson, F.S. (1991). Some apparently non-cerebral aspects of consciousness. *Journal of the Society for Psychical Research, 58*, 31-38.

– Robertson, F.S. (1992). A possible non-physiological basis for perception and a defence of dualism. *Journal of the Society for Psychical Research, 58*, 250-257.

– Robertson, F.S. (1998). An open criticism of the materialist attitude. *Journal of the Society for Psychical Research, 63*, 853, 39-42.

– Robinson, D.N. (1982). Cerebral Plurality and the unity of self. *American Psychologist, 37*, 904-910.

– Robinson, H. (1982). *Matter and mind: A critique of contemporary materialism*. Cambridge: Cambridge University Press.

– Romijn, H. (1991). *Hersenen en geest*. Lisse: Swets & Zeitlinger.

– Rorty, R. (1979). *Philosophy and the mirror of nature*. Princeton: Princeton University Press.

– Rosenthal, D.M. (1994). 'Identity Theories'. In Guttenplan, S. (ed.), *A Companion to the Philosophy of Mind*. Oxford: Blackwell.

– Rucker, R. (1989). *De vierde dimensie: naar een meetkunde van een hogere werkelijkheid*. Amsterdam: Uitgeverij Contact.

– Ryle, G. (1949). *The Concept of Mind*. London: Hutchinson.

– Sanders, C., Wit, H.F. de, Looren de Jong, H. (1989). *De cognitieve revolutie in de psychologie*. Kampen: Kok Agora.

– Schins, J. (2000). *Hoeveel geest kan de wetenschap verdragen?* Agora: Kampen.

– Searle, J.R. (1988). *Intentionality: an essay in the philosophy of mind*. Cambridge: Cambridge University Press.

– Sheldrake, R. (1995). *A new science of life: the hypothesis of morphic resonance*. Rochester: Park Street Press.

– Shoemaker, S. (1963). *Self-knowledge and Self-identity*. Ithaca: Cornell University Press.

– Shoemaker, S., and Swinburne, R. (1985). *Personal identity*. Oxford: B. Blackwell.

– Singer, P. (1975). *Animal liberation: a new ethics for our treatment of animals*. New York: Avon Books.

– Smith, J.W. (1984). *Reductionism and Cultural Being: A Philosophical Critique of Sociobiological Reductionism and Physicalist Scientific Unificationism*. Martinus Nijhoff.

– Smythies, J.R., and Beloff, J. (Eds.) (1989). *The Case for Dualism*. Charlottesville: University Press of Virginia.

– Springer, S.P., & Deutsch, G. (1989). *Left brain, right brain* (3rd Edition). New York.

– Stafleu, F.R., Rivas, E., Rivas, T., Vorstenbosch, J., Heeger, F.R., & Beynen, A.C. (1992). The use of analogous reasoning for assessing discomfort in laboratory animals. *Animal Welfare, 1*, 77-84.

– Stevenson, I. (1974). *Twenty cases suggestive of reincarnation*. Charlottesville: University Press of Viriginia..

– Stevenson, I. (1977). Research into the evidence of man's survival after death: A historical survey with a summary of recent developments. *Journal of Nervous and Mental Disease, 165*, 152-170.

– Stevenson, I. (1981). Can we describe the mind?, in: Roll, W.G., & Beloff, J. (Eds.). *Research in Parapsychology 1980*. Metuchen: Scarecrow Press.

– Stevenson, I. (1987). *Children who remember previous lives: A question of reincarnation*. Charlottesville.

– Stevenson, I. (1997a). *Reincarnation and biology: a contribution to the etiology of birthmarks and birth defects*. Londen/Westport: Praeger.

– Stevenson, I. (1997b). *Where reincarnation and biology intersect*. Londen/Westport: Praeger.

– Stokes, D.M. (1988). Some observations on the 'chewing gum' theory of personal identity: a review of some books on mind and multiplicity of consciousness. *Journal of the American Society for Psychical Research, 82*, 53-60.

– Stokes, D.M. (1991). The case for dualism', ed. by J. Smythies & J. Beloff (Review). *Journal of the American Society for Psychical Research, 85*, 388-393.

– Stokes, D.M. (1993). Mind, matter, and death: Cognitive neuroscience and the problem of survival. *Journal of the American Society for Psychical Research, 87*,

41-84.

– Strawson, P.F. (1962). Persons, in: Chappell, V.C, et al. (eds). *The philosophy of mind*. Englewood Cliffs, N.J.: Prentice–Hall.

– Swinburne, R. (1997). *The evolution of the soul* (revised edition). Oxford: Ofxord University Press.

– Taylor, J.R. (1980). *Het Omega Effect*. Amsterdam/Brussel: Elsevier.

– Taylor, R. (1969). The anattaa doctrine and personal identity. *Philosophy East and West*, *19*, 359-366.

– Thies, F. (Herausgeber) (1975). *Ludwig Feuerbach: Werke in sechs Bänden: 4 Kritiken und Abhandlungen III (1844-1866)*. Frankfurt am Main.

– Thouless, R. H., & Wiesner, B.P. (1948). The psi process in normal and 'paranormal' psychology. *Journal of Parapsychology, 12*, 192-212.

– Thouless, R. H. (1984). Do we survive bodily death? *Proceedings of the Society for Psychical Research, 57*, 213.

– Tompkins, P., & Bird, Chr. (1984). *The secret life of plants*. New York: Harper Colophon Books.

– Tsongkapa. (1999). *The principal teachings of Buddhism*. Howell, NJ: Classics of Middle Asia.

– Vallicella, W.F. (2011). *A Problem for the Hylomorphic Dualist,* op http://maverickphilosopher.typepad.com (en het vervolg van de discussie op die blogspot).

– Van Cleve, J. (2003). *Problems from Kant*. Oxford University Press.

– Verhoeven, C. (1983). *De duivelsvraag; Een pleidooi voor beschouwelijkheid*. Kapellen.

– Vilar, E. (1993). *De zin van het eeuwige leven*. Amsterdam: Omega Boek.

– Vries, R. de (1980). Ignoramus, Ignorabimus – Het Geest-Lichaam Probleem Tussen Ideologie en Objectiviteit. *Kennis en Methode, 4*: 31-55.

– Vries, R. de (1989) Het lichaam-geest probleem en de wetenschappelijke revolutie, in: Vries, R. de en Draaisma, D. *Lichaam en geest in psychologie en geneeskunde*. Amsterdam: Swets & Zeitlinger.

– Vries, R. de (1998). Chalmer's bewustzijn. *Berichten uit Psychopolis, 13*, 2, 24.

– Vroon, P.A. (1996). *De ziel te lijf*. Baarn: Ambo.

– Watkins, M. (1989). The knowledge argument against the knowledge argument. *Analysis, 49*, 158-160.

– Wemelsfelder, F., & Verhoog, H. (1988). Het bewuste dier, in: Visser, M.B.H., & Gommers, F.J. (Red.) *Dier of ding: objectivering van dieren*. Wageningen: Pudoc.

– Wemelsfelder, F. (1984). Animal boredom: Is a scientific study of the subjective experiences of animals possible?, in: Fox, M.W., & Mickley, L.D. (Eds.) *Advances in Animal Welfare Science 1984-1985*. Den Haag: Martinus Nijhoff.

– Wemelsfelder, F. (1990). Boredom and laboratory animal welfare. In: Rollin B.E. (Ed.) *The Experimental animal in biomedical research*. CRC-Press: Boca Raton.

– Wemelsfelder, F. (1993a). The concept of boredom and its relationship to stereotyped behavior. in: Lawrence, A.B. & Rushen, J. (Eds), *Stereotypic behavior: fundamentals and applications to animal welfare*.CAB International: Wallingford.

– Wemelsfelder, F. (1993b). *Animal Boredom: Towards an empirical approach of animal subjectivity* (dissertatie), Universiteit van Leiden.

– Wernars, D. (1990). Bestaan wij uit twee bewustzijnen? *Prana, 59*, 43-47.

– Whitehead A.N. (1929). *Process and reality*. New York: Macmillan.

– Wilber, K. (1977). *Spectrum of consciousness*. Wheaton: Theosophical Publishing House.

– Wittgenstein, L. (1953/1968). *Philosophical Investigations*, vertaald door G. E. M. Anscombe. Oxford: Basil Blackwell.

– Wolf, H. (1933). *Onsterfelijkheid als wijsgerig probleem*. Leiden.

– Wolfskeel, C.W. (1973). *De Immortalitate Animae van Aurelius Augustinus* (diss.). Utrecht.

– Zohar, D. (1990). *The quantum self*. Glasgow.

Filosofische woordenlijst

Hieronder worden de voornaamste termen uitgelegd in de betekenis die ze in dit boek dragen.

– analogieredenering/analogiepostulaat: redenering waarbij men uit de aanwezigheid van bepaalde vormen van gedrag of neurologische processen bij dieren concludeert dat er subjectieve ervaringen bij die dieren optreden die vergelijkbaar zijn met de subjectieve ervaringen van mensen met overeenkomende gedrags– of neurologische kenmerken.

– axiologie: waardeleer.

– bewustzijn: hier meestal gebruikt in de zin van subjectieve ervaringen.

– cartesiaans: behorend bij of afgeleid van de filosofie van René Descartes (Cartesius in het Latijn) of diens volgelingen.

– cognitief: betrokken bij cognitie zoals denkprocessen of herinnering.

– dualisme: (hier) stroming die stelt dat lichaam en geest niet herleid kunnen worden tot elkaar, maar behoren tot twee verschillende domeinen.

– ego: zelfbeeld.

– eliminatief materialisme/eliminativisme: hier grotendeels gebruikt als synoniem voor reductionisme, waarbij het concept van een subjectieve geest echter niet wordt gereduceerd wordt tot de neurologie, maar totaal geëlimineerd uit het wereldbeeld.

– emergentie-materialisme of emergentisme: (hier) synoniem voor holisme, waarbij emergentie staat voor het 'opduiken' van de geest uit de materie.

– epifenomenalisme: stroming die stelt dat de geest een bijverschijnsel (epifenomeen) is van de hersenen dat geen invloed uitoefent op de werkelijkheid.

– ethiek: filosofische leer van het goede handelen en leven.

– functionalisme: stroming die stelt dat geest een term is voor 'cognitieve' processen in systemen zoals computers of hersenen.

– geest: (a) abstracte term om het innerlijke leven mee aan te duiden, dat wil zeggen de totaliteit van onze subjectieve ervaringen en eventueel een mentaal onbewuste of onderbewustzijn; (b) soms ook gebruikt als synoniem voor subject oftewel geestelijk wezen (bijvoorbeeld in de titel van dit boek).

– holisme (in materialistische zin): stroming die stelt dat de geest een onreduceerbaar maar wel 'lichamelijk' voortbrengsel of aspect is van een complex materieel systeem. Er is ook een panpsychistische variant van holisme.

– idealisme: stroming die stelt dat alles wat er bestaat bij een geestelijk domein hoort van subjecten en hun innerlijk leven. De fysieke wereld zou volgens het idealisme op zichzelf niet bestaan.

– identiteitstheorie: stroming binnen het materialisme die stelt dat er wel een geest is maar dat die samenvalt met een deel van de hersenen of van de hersenactiviteit.

– illusie: hier een verkeerde indruk of waan(concept). Bijvoorbeeld: "de materie is een illusie" geeft aan dat materie niet echt bestaat maar we dat alleen maar zo ervaren of denken.

– impersonalisme: stroming die het bestaan een persoon die zichzelf door de tijd heen gelijk blijft verwerpt.

– incarnatie: tijdelijke maar duurzame verbinding tussen een subject en zijn lichaam of brein, doorgaans voor de duur van een fysiek leven.

– interactionisme: stroming die stelt dat er een wisselwerking bestaat tussen lichaam of materie en geest.

– materialisme: stroming die stelt dat alles wat er bestaat een uitingsvorm van de stof of materie is.

– neo-cartesiaans: behorend bij een filosofie die belangrijke inzichten met de cartesiaanse filosofie deelt maar daar op punten toch vanaf wijkt, bijvoorbeeld ten aanzien van de filosofie van de geest van dieren.

– ontologie: filosofische zijnsleer oftewel leer over het domein of de domeinen waar al het bestaande in ingedeeld moet worden.

– panentheïsme: vorm van theïsme die stelt dat de hele werkelijkheid zich 'in' godheid bevindt, dat wil zeggen dat alles een aspect van God is.

– panexperiëntialisme: zie panpsychisme.

– panpsychisme: stroming die stelt dat alle fysieke verschijnselen gepaard gaan met, of in ultieme zin reduceerbaar zijn tot, een meer of minder complexe vorm van geest. In bepaalde varianten aangeduid als panexperiëntialisme.

– pantheïsme: vorm van theïsme die stelt dat er geen verschil bestaat tussen de realiteit en God.

– parallellisme: stroming die stelt dat alle geestelijke processen parallel lopen aan bepaalde hersenprocessen en dat er geen wisselwerking bestaat tussen lichaam en geest.

– personalisme: hier stroming die uitgaat van het bestaan van een persoon die zichzelf als subject door de tijd heen gelijk ('dezelfde') blijft.

– persoon: synoniem voor subject, meestal gebruikt voor menselijke subjecten.

– persoonlijkheid: de min of meer stabiele structuur van de geest van een subject.

– property-dualisme: stroming die de geestelijke, niet-fysieke aard van subjectieve ervaringen als zodanig erkent, maar dergelijke ervaringen toch beschouwt als onstoffelijke aspecten van een brein.

– psychisch geheugen: geheugen waarin alle herinneringen en concepten opgeslagen liggen die niet uitputtend weergegeven kunnen worden in kwantitatieve termen.

– psychische natuur: geheel van principes waaraan geestelijke processen van nature gehouden zijn.

– rationalisme: stroming die vertrouwen stelt in de methode van de rede oftewel het redelijke denken.

– reductionisme: stroming binnen het materialisme die stelt dat alles (inclusief de subjectieve geest) herleid kan worden tot de anorganische materie.

– solipsisme: de theorie dat alleen de persoon zelf een subject is.

– subject: instantie die alle subjectieve ervaringen ondergaat, zowel in de zin van mens of dier als van een geestelijk wezen zonder fysiek lichaam.

– theïsme: theorie dat er een godheid bestaat die de wereld geschapen heeft en daar in principe ook in kan ingrijpen.

– universalia: universele principes, elementen of kenmerken, bijvoorbeeld binnen de psychologie, axiologie of ethiek.

– vitalisme: stroming die stelt dat er bij het biologische leven een niet-fysiek levensprincipe komt kijken, dat soms gelijkgesteld wordt aan een ziel.

– ziel: hier synoniem voor geest.

Nawoord

Personalistisch dualisme is een volledig rationeel en in die zin ook 'nuchter' alternatief voor het materialisme en epifenomenalisme. Er zijn mij geen goede – wel een heleboel ondeugdelijke – argumenten bekend tegen het personalistisch dualisme. Daarbij hoeft een hedendaags substantialistisch dualisme niet vast te houden aan de tekortkomingen van het traditionele cartesiaanse dualisme. Personalistisch dualisme leidt bovendien tot een veel zinvoller en aantrekkelijker wereldbeeld dan het materialisme en epifenomenalisme ons kunnen bieden.

Ook kan een neo-cartesiaans personalistisch dualisme veel betekenen voor een realistischere theorievorming in diverse gevestigde wetenschappen en voor de wetenschappelijke acceptatie van de parapsychologie. De wetenschap wordt in alle opzichten verrijkt als men een vruchtbare dualistische ontologie aanvaardt zonder dat dit hoeft te leiden tot de zo gevreesde chaotische of irrationele theorievorming.

Er is volgens mij dan ook niets ten gunste van een afwijzing van neo-cartesiaans personalistisch dualisme te zeggen. Het is te hopen dat veel intellectuelen dit spoedig inzien en niet langer kritiekloos meegaan in het wereldbeeld van materialistische en epifenomenalistische autoriteiten. Juist wat betreft het rationele gehalte van hun theorieën slaan deze namelijk ongetwijfeld de plank mis.

Appendix

Het lichaam-geest dualisme is niet achterhaald:
de relevantie van de ziel voor filosofie en wetenschap.

Ik, die zie, ben ook degene, die hoort en ruikt. Bernhard Bolzano, Athanasia oder Gründe für die Unsterblichkeit der Seele.

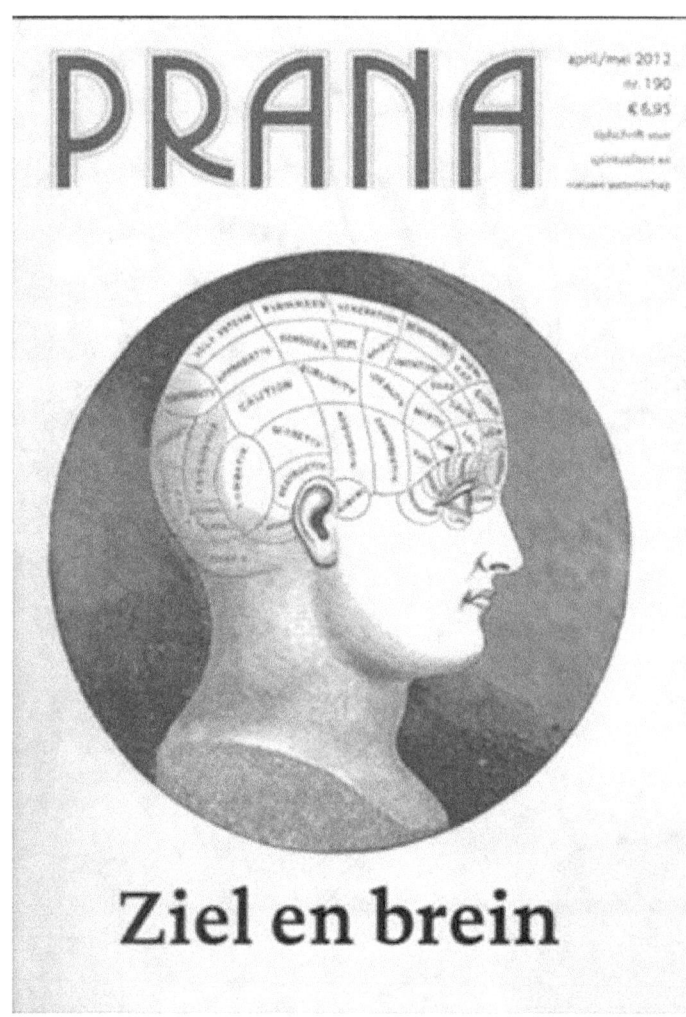

Bestaat er een onstoffelijke ziel of geest? Of zijn we niet meer dan zuiver fysieke organismen met een complex brein? Hebben we alleen hersenen (materialistisch monisme[185]*) of is er daarnaast ook nog een bewustzijn dat niet samenvalt met het*

---

[185] Monisme = theorie dat er slechts één soort entiteiten bestaat. Dualisme = theorie dat er

brein (dualisme)?

Inleiding

Al jaren doen veel handboeken psychologie, filosofie en neurologie het lichaam-geest dualisme af als een onhoudbare, definitief achterhaalde positie. Men stelt daarbij dat alle aspecten van de geest, zonder uitzondering, afhankelijk zijn van fysiologische activiteit in delen van het brein. Naarmate de wetenschap zich verder ontwikkelt en de beschikking krijgt over steeds geavanceerdere scantechnieken, zouden onderzoekers ook steeds meer te weten komen over die veronderstelde totale afhankelijkheid. Geleerden die 'nu nog' dualistisch georiënteerd zijn, moeten – in dit perspectief – dan ook wel gedreven worden door irrationele, onwetenschappelijke motieven die hun nuchtere oordeelsvermogen aantasten. Zulke geleerden laten zich bijvoorbeeld leiden door hun religieuze of esoterische overtuigingen of voelen een algemenere hang naar een spiritueel antwoord op de eindigheid en beperkingen van het aardse bestaan.

In dit artikel tracht ik aan te tonen dat deze dominante afwijzing van het lichaam-geest dualisme in feite volkomen ongegrond is. Ik zal eerst kort stilstaan bij de voornaamste filosofische discussies op dit gebied en vervolgens ook kijken naar de relevantie van het dualisme voor diverse empirische disciplines.

Bezielend principe

De vraag of er een onstoffelijke geest of ziel bestaat die meer is dan een fysiek onderdeel van ons lichaam werd reeds duizenden jaren geleden voor het eerst gesteld. De meeste natuurvolkeren gingen ervan uit dat er naast het lichaam ook een of meer bezielende principes zijn, zowel in de mens als bij andere manifestaties van de natuur. Deze grondgedachte is later systematisch uitgewerkt in onder meer de antieke Griekse en Romeinse wijsbegeerte en de Indiase filosofie. Daarbij schreef men de veronderstelde bezielende principes diverse functies toe. Ze werden bijvoorbeeld verantwoordelijk geacht voor het mentale, innerlijke leven maar ook voor het leven in de lichamelijke, biologische zin.

In de loop der tijd hebben denkers uit Oost en West uiteenlopende visies ontwikkeld op de ziel of geest[186]. Onder westerse academici is de vitalistische gedachte dat het lichamelijke leven voortkomt uit een onstoffelijke bezielend

---

twee soorten entiteiten bestaan.

[186] Ik gebruik woorden als 'ziel', 'geest' en 'psyche' in dit artikel als synoniemen van elkaar.

principe inmiddels grotendeels gemarginaliseerd geraakt. Er zijn wel invloedrijke filosofen en hedendaagse westerse geleerden die theorieën met vitalistische aspecten voorstaan, maar zij worden bijna algemeen weggehoond door materialisten die het biologische leven opvatten als het resultaat van zuiver natuurkundige en chemische wetmatigheden[187].

Het concept van een ziel als basis van het geestesleven wordt door materialisten als minstens zo onzinnig beschouwd als het vitalisme. Maar materialisten erkennen doorgaans wel dat er ten minste verschijnselen *lijken* te bestaan, met name in verband met het subjectieve bewustzijn, die niet volledig geplaatst kunnen worden in hun materialistische wereldbeeld. Deze 'schijn' is sterker dan in het geval van het biologische leven. Men beschouwt de langverbeide verklaring van het bewustzijn binnen een materialistische ontologie[188] dan ook als sluitstuk van het 'naturalistische' wetenschapsprogramma dat geen beroep hoeft te doen op spookachtige of bovennatuurlijke concepten.

I. Filosofie van de geest

Unieke kenmerken van subjectief bewustzijn

Binnen de zogeheten analytische filosofie[189] van de geest (vaak aangeduid met de Engelse term *philosophy of mind*) maakt men een scherp onderscheid tussen subjectief en cognitief bewustzijn. Cognitief bewustzijn komt neer op het besef of de kennis die men van dingen heeft[190], terwijl subjectief bewustzijn betrekking heeft op de subjectieve of 'fenomenale' ervaringen die we ondergaan. Diverse filosofen stellen dat cognitief bewustzijn geen probleem vormt voor het materialisme. Cognitie zou volgens hen volledig te begrijpen zijn als een fysiek, neurologisch proces van informatieverwerking in de hersenen. Subjectieve ervaringen vormen daarentegen een lastiger vraagstuk, een 'hard problem' zoals David Chalmers (1996) dit noemt. Ze lijken namelijk totaal niet op hersenprocessen en bezitten zelfs kenmerken die per definitie niet voorkomen in de onbezielde materie (Nagel, 1979; Searle, 1983, 1997). Volgens andere filosofen is dit onderscheid tussen cognitie en subjectiviteit kunstmatig[191], maar

---

[187] Het is uiteraard de vraag of dit terecht is, maar dat vraagstuk valt buiten het bestek van onderhavig artikel. Zie bijvoorbeeld: Van Dongen en Gerding (1993) of Sheldrake (1995).

[188] Filosofische zijnsleer, die de soorten entiteiten in de realiteit en hun onderlinge wisselwerking in kaart probeert te brengen.

[189] Onder 'analytische filosofie' zij hier slechts een filosofische methode van rationele analyse verstaan, en dus niet een bepaalde inhoudelijke wijsgerige richting.

[190] Zelfbewustzijn is zo een speciaal geval van cognitief bewustzijn, in de vorm van zelfbesef.

[191] Ook cognitieve processen in het algemeen zouden volgens bepaalde filosofen al een

zelfs als dat zo is, maakt het onderscheid wel duidelijk dat de nagestreefde herleiding van de *hele* geest tot het brein in ieder geval niet eenvoudig is.

Wat voor een kenmerken maken subjectieve ervaringen nu zo uniek?
*Ten eerste natuurlijk het gegeven dat ze subjectief zijn, met andere woorden dat iemand de ervaringen subjectief ondergaat (Foster, 1991; Lund, 2005; Rivas, 2012). *Er zijn geen subjectieve ervaringen die niet door iemand beleefd worden.* Cognitieve processen in de zin van geestloos rekenwerk over wiskundige informatie zouden misschien nog in een fysieke machine kunnen plaatsvinden, of dit nu een computer of een brein is. Maar subjectiviteit is geen fysiek kenmerk van de materiële wereld, althans niet als men het fysieke definieert als iets wat in geen enkel opzicht afhankelijk is van iemands beleving. Bovendien vooronderstelt de aanwezigheid van subjectiviteit een bewust subject, dat zich op een andere manier verhoudt tot zijn ervaringen dan een machine tot de fysieke processen daarin. Een machine is geen subject en ondergaat geen subjectieve ervaringen, althans niet in de letterlijke zin.
* Daarnaast bestaat subjectiviteit uit alle mogelijke subjectieve ervaringen: bewust beleefde gedachten en herinneringen, een enorm scala aan gewaarwordingen en waarnemingen, verlangens en gevoelens, et cetera. Die ervaringen verschillen niet alleen wat betreft de informatie die erin wordt uitgedrukt, maar ook kwalitatief. Een gedachte is bijvoorbeeld iets wezenlijk anders dan een gewaarwording, en een gevoel van verdriet is iets wezenlijk anders dan een gevoel van woede. Kleuren, geuren, smaken en geluiden verschillen in subjectieve zin niet alleen kwantitatief van elkaar maar ook in hun kwaliteiten. Dergelijke kwalitatieve aspecten van subjectief bewustzijn worden in de filosofie ook wel aangeduid met de term *qualia*.
* Een volgend kenmerk betreft de zogeheten *Gestalt* in de waarneming die maakt dat we bijvoorbeeld een specifieke vorm zien en niet slechts een verzameling puntjes. Fysiek beschouwd is de vorm niet meer dan een abstractie van de puntjes waaruit zij is opgebouwd, maar in onze subjectieve beleving *ervaren* we echt samenhangende gehelen, die zich niet laten herleiden tot hun onderdelen. Zulke 'plaatjes' komen alleen in ons bewustzijn voor en niet in het brein (Vergelijk: Dennett, 1995).
* Nog een ander kenmerk betreft de *integratie* van alle mogelijke ervaringen in een verenigd bewustzijn. Dat maakt bijvoorbeeld dat we diverse zintuiglijke ervaringen tegelijk ondergaan: in een persoonlijk gesprek met iemand *zien* we de

---

probleem zijn voor het materialisme, met name als men hierbij aanneemt dat cognitieve processen in het algemeen, net als subjectieve ervaringen, gekenmerkt worden door intentionaliteit (Searle, 1983).

ander bijvoorbeeld, maar we *horen* hem of haar ook, terwijl we tegelijkertijd ook nog ongeuite *gedachten, herinneringen* en *gevoelens* kunnen ondergaan. Vroeger trachtte men deze integratie vaak toe te schrijven aan een bepaald deel van de hersenen, zoals de pijnappelklier, maar inmiddels erkent men vrij algemeen dat er geen fysieke parallel voor deze integratie gevonden kan worden. Het is mogelijk dat activiteit in bepaalde hersendelen noodzakelijk is voor een succesvolle psychische integratie, maar de hersenen kunnen het hoe dan ook niet alleen af. Rechtlijnige materialisten stellen daarom geregeld dat de alledaagse integratie niet echt kan bestaan en dus op een illusie moet berusten. Ze doen zelfs pogingen om deze boude bewering experimenteel te onderbouwen.

* Een laatste kenmerk dat ik nog wil noemen heeft betrekking op *intentionaliteit*, het verschijnsel dat bijvoorbeeld onze subjectieve gedachten, herinneringen et cetera 'ergens over gaan' oftewel zich ergens op richten. Dit geldt niet voor fysieke processen, ook niet in het geval van computerprogramma's die de menselijke cognitie slechts kunnen simuleren door middel van mechanisch rekenwerk, zonder dat een computer ooit echt ergens over kan nadenken. Daarmee heb ik de unieke kenmerken van het subjectieve bewustzijn overigens nog niet uitputtend beschreven, maar het voorgaande lijkt me hier reeds voldoende.

Antwoorden van materialisten

Een voor de hand liggende strategie van materialisten die geconfronteerd worden met dit soort kenmerken van subjectief bewustzijn is, zoals ik al aangaf, volledige ontkenning. Hierbij probeert men de kenmerken van subjectieve ervaringen 'weg' te verklaren door te stellen dat ze op illusies of misvattingen berusten (Beloff, 1964; Robinson, 2009; Rivas, 2012). Ze *lijken* inderdaad te bestaan, maar dat is maar *schijn*. De evolutie of het alledaagse taalgebruik leiden tot een illusie dat onze geest meer behelst dan bewustzijnsloze hersenprocessen. 'De wetenschap weet inmiddels wel beter, want...' en dan volgt er een cirkelredenering: 'als die kenmerken echt bestonden, dan zou het "wetenschappelijke" (materialistische) wereldbeeld onjuist moeten zijn, en aangezien de wetenschap natuurlijk gelijk heeft, kunnen die kenmerken niet werkelijk bestaan.'

Zogeheten *eliminatieve materialisten* menen oprecht dat we zijn gaan geloven in de kenmerken van subjectieve ervaringen doordat we een verkeerd soort terminologie hanteren. We gebruiken psychologische termen die lijken te verwijzen naar een reëel bestaande psyche. We moeten daar dan ook van af, doordat we het psychologische vocabulaire vervangen door neurologische termen.

Reductionistische materialisten (of 'reductionisten'), zoals Daniel C. Dennett (1995), gaan iets minder ver. Ze erkennen in het algemeen dat psychologische termen grosso modo inderdaad verwijzen naar 'mentale processen in het brein'. Uiteraard maken ook zij wel een uitzondering voor de unieke kenmerken van subjectieve ervaringen. Ook reductionisten zijn er namelijk van overtuigd dat die kenmerken niet echt kunnen bestaan, omdat ze nu eenmaal niet in een materialistisch mensbeeld passen. Dennett vergelijkt het geloven in 'mysterieuze' eigenschappen van bewustzijn daarom onder andere met het geloof in mythologische figuren.

Wellicht de meest bizarre vluchtmanoeuvre ziet men bij aanhangers van de zogeheten *identiteitstheorie*. Zij erkennen dat mensen subjectieve ervaringen hebben en dat die unieke kenmerken bezitten. Ze beweren echter dat die subjectieve ervaringen in werkelijkheid samenvallen met bewustzijnsloze fysiologische processen in het brein. Het zou gaan om twee verschillende 'perspectieven'. Subjectieve ervaringen zouden subjectief beschouwd inderdaad niet fysiologisch zijn en unieke eigenschappen vertonen, maar objectief beschouwd zouden ze wel degelijk neerkomen op hersenprocessen. Het merkwaardige hieraan is dat men zichzelf impliciet tegenspreekt. Als er, zoals aanhangers van de identiteitstheorie stellen, daadwerkelijk twee verschillende perspectieven bestaan, dan kan één van die perspectieven zelf niet opeens onwerkelijk zijn. Met andere woorden: als er een subjectief perspectief (het perspectief van het subjectieve bewustzijn) bestaat, dan kun je dat perspectief en daarmee de subjectieve ervaringen zelf niet alsnog weg verklaren als niet meer dan een illusie. De subjectieve ervaringen moeten dus net zo werkelijk zijn als de fysiologische hersenprocessen. Maar in dat geval kunnen de beleefde subjectieve ervaringen niet samenvallen met de bewustzijnsloze fysiologie, omdat ze daar nu eenmaal wezenlijk van verschillen. Als men daarentegen stelt dat het subjectieve perspectief niet 'echt' bestaat, dan kan men dat perspectief ook niet meer aanvoeren om te verklaren waarom we subjectieve ervaringen ondergaan. Ofwel subjectieve ervaringen bestaan objectief noch subjectief (zoals in het eliminativisme en reductionisme), of ze bestaan echt, maar dan kunnen ze niet alsnog iets anders zijn dan zichzelf (Rivas, 2012). Bij het ondergaan van subjectieve ervaringen bestaat er geen onderscheid tussen schijn en werkelijkheid: de specifieke vorm waarin we ze ondergaan valt samen met hun wezen als subjectieve ervaringen.

Tot slot zijn er ook nog 'holistische' materialisten die stellen dat subjectief bewustzijn echt bestaat maar dat dit een manifestatie is van het fysieke lichaam. Een andere term voor deze positie is *emergent materialisme* of *emergentie-*

121

materialisme, waarbij de geest 'emergeert', opduikt uit het brein.

Aanhangers van deze stromingen vergelijken de verhouding tussen bewustzijn en brein doorgaans met holistische verschijnselen waarbij het geheel meer is dan de som van de delen. Er is echter een essentieel verschil tussen bekende holistische fenomenen en de verhouding tussen het bewustzijn en de hersenen. Bij holistische verschijnselen omvat een hoger 'organisatieniveau' de onderliggende bouwstenen. Een plant omvat als organisme of levend systeem bijvoorbeeld al haar onderdelen en een bos omvat alle bomen waaruit het bestaat. Hier is geen sprake van bij subjectief bewustzijn, omdat subjectieve ervaringen niet zijn opgebouwd uit een verzameling fysiologische verschijnselen plus nog iets extra's. Het subjectieve bewustzijn is niet opgebouwd uit niet-subjectieve elementen. Bovendien zijn de unieke kenmerken van subjectieve ervaringen niet te begrijpen als holistische aspecten van de hersenen. Ze zijn namelijk niet fysiek. Hoe kan een orgaan dat zelf volledig fysiek is nu opeens niet-fysieke kenmerken krijgen die volledig verschillen van alle fysieke eigenschappen van dat orgaan en die daar ook niet op voortbouwen?

Sommige geleerden onderkennen dergelijke bezwaren maar stellen vervolgens dat het menselijke verstand wel vaker tekort schiet en niet alles kan begrijpen. Maar dat is alleen relevant als holistisch materialisme in ieder geval een veelbelovende rationele optie is. Aangezien men niet kan verwijzen naar een bekend holistisch verschijnsel dat een parallel zou vormen voor de veronderstelde relatie tussen hersenen en geest is er echter geen reden om het holistisch materialisme serieus te nemen. De enige reden waarom mensen dat toch blijven doen, is dan ook dat ze koste wat kost willen vasthouden aan een materialistische ontologie.

Lichaam en ziel

Volgens mij is het evident dat de bewering van materialisten, dat subjectieve ervaringen niet echt bestaan of uiteindelijk toch neerkomen op aspecten of een soort hoger holistisch niveau van het brein, geen hout snijden. Dit betekent in feite dat we het bestaan van een onherleidbaar, niet-fysiek principe in de mens moeten accepteren dat het mogelijk maakt dat we subjectieve ervaringen ondergaan.

Uitgaande van de realiteit van het fysieke lichaam, zijn er met name de volgende vier wijsgerige posities ontwikkeld:

– Hylemorfisme
– Panpsychisme
– Property dualism

– Substantie-dualisme

Hylemorfisme[192] is de positie van Aristoteles, de voornaamste leerling van Plato. Aristoteles ging anders dan zijn leermeester niet uit van het bestaan van een zelfstandige psyche die tijdelijk incarneert in een lichaam en na de dood voortbestaat. Hij zag de mens daarentegen als een onvervreemdbare eenheid van lichaam en ziel. De ziel is daarbij het sterfelijke 'vormbeginsel' dat het lichaam leven, waarneming en verstand schenkt. Zij kan niet los van het lichaam bestaan en zal na de dood dan ook met het lichaam vergaan.
Het hylemorfisme komt voor velen grotendeels overeen met de *common sense* opvatting over wat het betekent om mens te zijn. We zien overigens ook nauw verwante opvattingen in andere tradities, bijvoorbeeld binnen de Chinese filosofie en het boeddhisme.

Terwijl Aristoteles zelf niet uitging van een voortbestaan van de persoonlijke ziel, werd zijn filosofische antropologie uiteindelijk wel geïntegreerd in de antropologie van Thomas van Aquino (Goetz & Taliaferro, 2011). Deze leerde onder meer dat de persoonlijke ziel, overeenkomstig de christelijke traditie, de fysieke dood overleeft maar alleen in de eenheid met een stoffelijk lichaam echt tot zijn recht kan komen. Enkele denkers stellen nu dat de aristotelische mensvisie zoals uitgewerkt door Thomas van Aquino een volwaardige alternatieve vorm van dualistisch substantialisme vormt. Dit is duidelijk misleidend, omdat de uitwerking van Aquinas alleen geloofwaardig kan zijn *binnen* zijn christelijke wereldbeeld. In de oorspronkelijke, aristotelische vorm, is het hylemorfisme juist geen dualisme, maar een substantie-leer waarbij elke (natuurlijke) substantie, inclusief de individuele mens, bestaat uit twee beginselen, namelijk stof en vorm. Men postuleert dus wel een dualiteit, maar er is geen sprake van twee afzonderlijke principes die op zichzelf zouden kunnen staan. Binnen de hedendaagse filosofie van de geest lijkt het hylemorfisme ook enigszins verwant aan het zogeheten functionalisme dat vanuit een computer-metafoor de geest opvat als software die draait op de hardware van het brein, waarbij die geest als zodanig niet los van het brein zou kunnen bestaan. Ook dit functionalisme beschouwt men doorgaans niet als dualistisch, omdat er geen sprake is van twee entiteiten die ook los van elkaar zouden kunnen functioneren.

Er zijn volgens mij geen goede argumenten voor het hylemorfisme, en net als in het geval van het holistisch materialisme, waar het in diverse opzichten op lijkt, zijn er geen parallellen met andere verschijnselen te noemen die de aristotelische

---

[192] Van Grieks hylè = stof en morphè = vorm.

voorstelling van zaken aannemelijk zouden maken. Er zijn mijns inziens geen andere 'vormende' factoren bekend die zich verhouden tot een stoffelijk object zoals het subjectieve bewustzijn tot het lichaam. Let wel, ik zeg niet dat er per definitie een natuurlijke analogie voor een veronderstelde verhouding tussen lichaam en geest moet zijn, maar alleen dat er wel zo'n analogie aanwijsbaar moet zijn als men zelf stelt dat het om een speciaal geval van een algemener principe gaat. Zowel het hylemorfisme als het emergentie-materialisme beroepen zich op een algemener principe (respectievelijk een algemene verhouding tussen stof en vorm en een holistisch beginsel) en moeten dus ten minste aannemelijk maken dat dat principe zich hier ook echt laat gelden.

Helaas wordt het hylemorfisme, al dan niet vermengd met emergentie-materialisme, door aanhangers nogal eens als *vanzelfsprekend* en onbetwijfelbaar vooronderstelt zodat elke filosofische discussie over de verhouding tussen lichaam en geest (al dan niet expliciet) als een soort ontsporing of vervreemding lijkt te worden beleefd.

Het *panpsychisme* is in mijn ogen een stuk interessanter dan het hylemorfisme. Het kent diverse varianten die daarin overeenkomen dat men stelt dat elk deel van de fysieke werkelijkheid gepaard gaat met een psychisch element. Dit kan een subjectieve ervaring zijn maar ook een onbewust geestelijk element dat op den duur tot bewustzijn kan komen (Charon, 1977). Het rijk geschakeerde menselijke bewustzijn zou zo bestaan uit een soort vereniging van de diverse soorten mentale verschijnselen die gekoppeld zouden zijn aan verschillende soorten neurologische activiteit in de hersenen
Er zijn echter zwaarwegende bezwaren tegen de meeste vormen van panpsychisme. Zo lijkt het bijna per definitie te leiden tot een vorm van parallellisme, wat inhoudt dat er een volledige parallellie zou bestaan tussen hersenprocessen en geestelijke processen (Rivas, 1993). Zoiets impliceert onder andere dat iemands (veronderstelde) cognitieve hersenprocessen altijd betrekking moeten hebben op exact dezelfde thema's als zijn subjectieve gedachten. Dat is echter onmogelijk wanneer het subjectieve denken specifiek betrekking heeft op de unieke kenmerken van subjectief bewustzijn. Aangezien die unieke kenmerken alleen in (het domein van) de subjectieve ervaringen zelf voorkomen, kan het brein er (in zijn eigen fysieke domein) geen idee van hebben. Er is fysiek dus ook geen enkele aanleiding om cerebraal over de unieke kenmerken van subjectief bewustzijn 'na te denken'. Dit toont aan dat de veronderstelde parallellie niet volledig kan zijn. De meeste vormen van panpsychisme lijken echter afhankelijk van dit parallellisme en zijn als dat echt

zo is dus bij voorbaat logisch onhoudbaar.

Minstens zo belangrijk is dat het panpsychisme geen verklaring biedt voor de vereniging van losse subjectieve ervaringen in een geïntegreerd subjectief bewustzijn. Als de geest steeds gekoppeld is aan fysiologische processen kan het alleen een geïntegreerd geheel vormen als dit ook in fysieke zin geldt voor de betrokken fysiologische processen. Aangezien dat niet het geval is, weet het panpsychisme hier[193] al even weinig raad mee als materialistische stromingen.

Property dualism is een 'gematigde' vorm van dualisme. Het erkent dat de unieke kenmerken (Engels: properties) van subjectief bewustzijn of van de menselijke geest in het algemeen niet reduceerbaar zijn tot de fysiologie van de hersenen, maar stelt dat die kenmerken wel volledig voortgebracht worden door het brein. Het merkwaardige aan het property dualism is dat men stelt dat er alleen niet-fysieke *eigenschappen* zijn, maar geen apart mentaal domein of ziel, geen geestelijke substantie(s). Subjectieve ervaringen zijn dus niet te herleiden tot de materie, maar ze voltrekken zich wel aan fysieke wezens met hersenen en vormen daar eigenschappen van. Dit is een problematische stellingname omdat men in feite beweert dat een als zodanig volledig fysieke entiteit niet-fysieke kenmerken kan hebben. Zuiver logisch beschouwd is dit onmogelijk, want een entiteit met niet-fysieke kenmerken kan in die kenmerken immers per definitie niet volledig fysiek zijn en niet-fysieke eigenschappen bestaan niet alsnog fysiek in de hersenen. Voor zover property dualism overigens emergentie-materialistisch of hylemorfistisch wordt uitgewerkt, zijn ook hier de eerder genoemde bezwaren tegen die stromingen van toepassing.

Onder *substantie-dualisme* verstaan we hier de ontologische theorie dat mensen substantiële geestelijke wezens zijn die tijdens hun aardse leven geïncarneerd zijn in een biologisch lichaam.

De term substantie moet men niet chemisch, maar ontologisch opvatten. Een ontologische substantie is in dit verband geen stoffelijke entiteit met een bepaalde vorm (zoals in het hylemorfisme) maar een entiteit die zichzelf gelijk blijft terwijl haar eigenschappen kunnen veranderen. Het subject dat subjectieve ervaringen ondergaat blijft zichzelf gelijk (het wordt niet iemand anders) terwijl zijn ervaringen en daarmee ook zijn psychologische structuur kunnen veranderen. Het subject dient overigens per definitie door de tijd heen zichzelf te blijven omdat het anders helemaal niets zou kunnen ervaren; elke ervaring kost immers tijd, hoe weinig ook. Elke ziel is bovendien slechts één enkel, ongedeeld subject. Dit vormt een voorwaarde voor unieke kenmerken van het subjectieve

---

[193] Met een Engelse term staat dit vraagstuk ook wel bekend als het *binding problem*.

125

bewustzijn zoals de integratie van alle mogelijke soorten ervaringen in één geheel en de Gestalt van de subjectieve waarneming.

Het lichaam is geen ontologische substantie omdat dit slechts bestaat uit een geordend, holistisch systeem van fysieke elementen dat zichzelf niet gelijk blijft, althans niet in de letterlijke zin zoals iemand zichzelf (hetzelfde subject) blijft en niet iemand anders wordt. Alle unieke kenmerken van het subjectieve bewustzijn hangen samen met de niet-fysieke natuur van de substantiële ziel.

Het substantie-dualisme oftewel substantialistisch dualisme is westers beschouwd een positie die teruggaat tot Plato, de leermeester van Aristoteles, via onder andere het neoplatonisme, Augustinus en Descartes, maar er zijn ook nauw verwante oosterse tradities, met name in de Indiase wijsbegeerte. Ik reken mezelf overigens in alle onbescheidenheid tot de hedendaagse substantie-dualistische filosofen (Rivas, 2012).

Het klassieke substantie-dualisme stelt dat het subject van de subjectieve ervaringen voor zijn bestaan niet afhankelijk is van het lichaam. Onder invloed van het emergentie-materialisme is er een merkwaardige nieuwe positie ontstaan die men (semi-)substantialistisch emergentie-dualisme zou kunnen noemen[194]. De bekende wetenschapsfilosoof Karl Popper (1984) hing deze vorm van dualisme aan en sprak over een *semi-substantie* die bijna alle kenmerken van de klassieke substantiële ziel bezit, maar wel voortkomt uit de werking van de hersenen. Hij gaf toe dat het hierbij om een groot wonder zou moeten gaan, aangezien de hersenen een niet-fysieke semi-substantie zouden kunnen creëren terwijl ze zelf fysiek en niet substantieel (of zelfs maar semi-substantieel) zouden zijn. Tegenstanders wijzen erop dat dit type emergentie-dualisme in feite neerkomt op een vergoddelijking van het brein, omdat de hersenen over een soort goddelijke scheppingskracht zouden moeten beschikken om iets buiten hun eigen fysieke werkelijkheid te creëren.

Een variant op dit type emergentie-dualisme zien we bij de christelijke filosoof William Hasker (1999). Hij stelt dat God iemands hersenen gebruikt om een substantiële ziel te scheppen die na de dood geëmancipeerd wordt van het brein en zo zelfstandig kan voortbestaan. Het merkwaardige aan deze positie is dat de hersenen zelf geen ontologische substantie vormen maar een samengesteld fysiek orgaan. Het is dus niet in te zien waarom (een) God de hersenen nodig zou hebben om een ziel te creëren. Toen ik Hasker hier enkele jaren geleden op

---

[194] Daarbij dienen we substantialistisch emergentie-dualisme uiteraard scherp te onderscheiden van *property dualism*, waarbij men slechts uitgaat van de emergentie van geestelijke eigenschappen uit het brein.

wees, gaf hij toe niet te denken aan een substantiële ziel in de klassieke, platoonse zin.

Is er volgens mij dan geen geloofwaardig alternatief voor het substantie-dualisme? Toch wel. Ik hou het voor mogelijk dat niet het subjectieve bewustzijn maar juist het fysieke lichaam een illusie is (Rivas, 2012). Het is mijns inziens denkbaar (hoe contra-intuïtief ook) dat het lichaam en de fysieke wereld in het algemeen zoals we deze beleven alleen in onze beleving bestaan zonder dat er buiten ons bewustzijn nog iets mee overeenkomt. Deze ontologische theorie staat bekend als subjectief idealisme. Mits substantialistisch geformuleerd zou subjectief idealisme voor mij in ieder geval logisch een houdbaar alternatief zijn, hoewel ik me er intuïtief vooralsnog niet toe aangetrokken voel.

Hersenen en geest

Een van de voornaamste redenen waarom het substantie-dualisme volgens tegenstanders bij voorbaat onhoudbaar zou zijn, luidt dat substantie-dualisme interactie tussen hersenen en geest impliceert. Dit zou volgens materialisten volkomen onvoorstelbaar zijn en ons dwingen om een 'magisch' principe in ons wetenschappelijk wereldbeeld op te nemen. Hoe kan een niet-fysieke geest immers een fysiek brein beïnvloeden?

Dit argument is echter alleen bruikbaar voor eliminatie– en reductie-materialisten. Zij erkennen immers geen unieke, onstoffelijke kenmerken van het bewustzijn, dus hebben ze ook geen reden om een impact van subjectieve ervaringen op fysiologische processen serieus te nemen.

Het ligt anders voor materialisten of 'property' dualisten die wél toegeven dat het subjectieve bewustzijn unieke kenmerken bezit. Als die unieke kenmerken namelijk geen invloed hebben op onze cognitieve ken-processen, dan kunnen we nooit te weten komen dat die unieke kenmerken er zijn. We kunnen ze dan hoogstens opmerken op het moment zelf, maar zonder dat we ze ooit kunnen verwerken in concepten die betrekking hebben op subjectief bewustzijn (Rivas & Van Dongen, 2003). Zodra men beweert te weten dat subjectieve ervaringen unieke kenmerken bezitten, kan men niet tegelijkertijd volhouden dat die unieke kenmerken geen enkele invloed kunnen hebben op de werkelijkheid, omdat men in dat geval nooit (cognitief) zou kunnen weten of die unieke kenmerken er zijn en zo ja, wat ze zoal behelzen.

De impact van bewustzijn op het brein kan 'magisch' lijken, maar dat is de invloed van het brein op de geest natuurlijk evenzeer. Er is dus geen goed argument tegen interactionisme meer zodra men zowel onherleidbare subjectieve ervaringen als het fysieke brein erkent. Sterker nog, het bestaan van interactie is een logisch gevolg van dualisme. Er moeten specifieke wetmatigheden zijn die de wisselwerking tussen brein en geest regelen[195].

Een misvatting die men voorts regelmatig tegen kan komen is dat het gegeven dat het bewustzijn beïnvloed kan worden door de hersenen impliceert dat er geen substantiële ziel kan bestaan. Dit is onjuist, omdat de definitie van een ontologische substantie in dit verband luidt dat ze zichzelf gelijk blijft ondanks veranderingen[196]. De veranderingen betreffen in dit geval de concrete ervaringen die een subject ondergaat en de psychologische ontwikkeling die hieraan verbonden is. Het is dus niet zo dat een subject niet verandert qua ervaring en psychologische structuur, maar alleen dat het subject niet iemand anders wordt te midden van die veranderingen. Het substantiële zit hem nu juist in het gegeven dat er bij een substantie een instantie is die de veranderingen ondergaat zonder daarbij te verdwijnen of ten onder te gaan in die veranderingen. Dit geldt voor zuiver psychologische veranderingen, maar ook voor processen die primair op gang worden gebracht door interactie met een brein. Het doet er wat dit betreft niet toe om wat voor een veranderingen het precies gaat en hoever de veranderingen gaan[197].

Een aanverwante misvatting luidt dat specifiek negatieve beïnvloeding van het psychische functioneren door de hersenen, bijvoorbeeld in het geval van hersenziektes, onverenigbaar is met het bestaan van een substantiële ziel. Ook dit is onjuist. Zodra we accepteren dat de ziel beïnvloed kan worden door het brein, is er geen reden om aan te nemen dat die beïnvloeding alleen positief of neutraal kan zijn. Op zich kan men zich nog wel afvragen met welk doel er mechanismen bestaan waarbij het psychisch functioneren aangetast kan worden door hersenprocessen (bijvoorbeeld in het geval van de ziekte van Alzheimer), maar die vraag[198] staat los van de kwestie of negatieve somatogene beïnvloeding van de psyche verenigbaar is met substantie-dualisme.

De hersenen worden in dualistische modellen nog wel eens vergeleken met

---

[195] Zulke wetmatigheden bestaan dus naast de psychologische en natuurkundige wetmatigheden en zijn daar niet toe te reduceren. Als ze zuiver fysieke mechanismen trotseren, is dit geen gigantisch wijsgerig probleem, maar een natuurfeit.

[196] Wanneer dit wel juist zou zijn, zou ook de fysieke werkelijkheid niet substantieel kunnen zijn omdat zij immers beïnvloed wordt door subjectief bewustzijn.

[197] Ook gedragsgenetische invloeden op iemands – als zodanig volledig geestelijke – persoonlijkheid vormen bijvoorbeeld geen probleem voor het interactionistisch substantie-dualisme.

[198] Ze kan samenhangen met de algemenere vraag naar de aard van het kwaad of theodicee.

apparaten zoals radio's en televisietoestellen die signalen van buiten omzetten in geluiden of beelden, of met een computer die informatie uitwisselt met een netwerk zoals het internet. Dergelijke 'transmissie'-modellen kunnen nooit letterlijk juist zijn, omdat ze altijd fysieke apparaten betreffen die fysieke signalen of informatie verwerken, terwijl de substantiële ziel nu juist niet fysiek is. Wel kan dit soort metaforen nuttig zijn om aan te geven dat het subjectieve bewustzijn geen product is van de hersenen maar in wisselwerking staat met het brein.

Het zelf

Binnen het substantie-dualisme wordt de ziel opgevat als een ontologische substantie, in de hierboven aangegeven betekenis. Een substantiële ziel komt neer op een 'subject', een onherleidbare, onstoffelijke instantie die subjectieve ervaringen ondergaat. De subjectieve ervaringen en de psychologie van het subject in het algemeen komen overeen met de zogeheten 'accidenten' of 'adherenties' van de ziel. De ziel is alleen veranderlijk ten aanzien van deze accidenten, dat wil zeggen in haar ervaringen en psychologie, maar niet in haar persoonlijke identiteit als subject. Zij blijft altijd hetzelfde subject, ook al verandert de inhoud van haar bewustzijn en haar psychologische structuur. Het subject dat de subjectieve ervaringen ondergaat wordt in de filosofie ook vaak het *zelf* genoemd. In het materialisme en hylemorfisme is hoogstens ruimte voor een zelf in de zin van de 'hele mens'.

Overigens zijn er wijsgerige stromingen die om diverse redenen stellen dat er wel subjectieve ervaringen bestaan maar geen substantieel zelf. Dit is mijns inziens een onbegrijpelijke stellingname omdat iedere subjectieve ervaring een substantieel subject dat die ervaring ondergaat *vooronderstelt*. Zodra er sprake is van subjectieve ervaringen moet er nu eenmaal ook een zelf zijn dat die ervaringen ondergaat. In die zin is het idee van een subjectief bewustzijn zonder zelf dat het ondergaat een contradictio in terminis. Dat is meteen ook mijn probleem met populaire boeddhistische en esoterische stromingen die uitgaan van een onpersoonlijk (of zo men wil bovenpersoonlijk) kosmisch bewustzijn zonder zelf[199].

In de Advaita Vedanta gaat men wél uit van een substantieel zelf dat men met de

---

[199] Overigens heb ik geen moeite met de fenomenen waar men vaak op wijst als argument voor een kosmisch bewustzijn, zoals bijna-doodervaringen of mystieke ervaringen. Ik erken dergelijke ervaringen maar ben van mening dat ze evenzeer verklaard kunnen worden door het bestaan van één of meer persoonlijke hogere wezens en door een verbondenheid van alle zelven met behoud van de persoonlijke identiteit (Rivas, 2010; Rivas & Dirven, 2010).

term *Atma(n)* aanduidt, maar dit zelf zou bij iedereen hetzelfde zijn. Deze theorie wordt ook wel 'noëtisch' of 'noïsch' monisme genoemd, afgeleid van het Griekse woord *nous* (geest): er is dus slechts één zelf dat door iedereen gedeeld wordt. Om te verklaren dat afzonderlijke subjecten nu eenmaal andere ervaringen kunnen hebben dan andere subjecten wordt er een onderscheid gemaakt tussen een 'lager' en een 'hoger' zelf. Het lagere zelf is niet substantieel, maar vormt slechts een tijdelijke psychologische structuur. Alleen het hogere zelf, het Atman, is substantieel.

Ik ben geen aanhanger van deze theorie omdat volgens mij niet valt in te zien hoe een lager zelf (in de zin van subject van concrete subjectieve ervaringen) niet meer dan een accident zou kunnen zijn van een hypothetisch substantieel hoger zelf. Het subject in de alledaagse zin is volgens mij wel degelijk substantieel, omdat het anders geen subjectieve ervaringen zou kunnen ondergaan. Het substantie-dualisme (of substantie-idealisme) dient dus een *personalistisch* substantialisme te zijn.

Het feit dat elk subject zijn eigen individuele ervaringen heeft moet dus ook betekenen dat er een veelvoud aan substantiële alledaagse zelven is en niet slechts één overkoepelend Atman (noëtisch pluralisme). Deze conclusie is eveneens aan de orde bij variaties op de Advaita Vedanta zoals de theorie dat het alledaagse zelf niet substantieel is, maar dat er wel individuele hogere zelven bestaan, die niet te herleiden zijn tot één enkel Atman. Men kan volgens mij niet om de substantialiteit van het alledaagse zelf heen, zodat de notie van substantiële hogere zelven al even incoherent en overbodig lijkt als de notie van één enkel Atman.

Overigens ga ik zeker uit van het bestaan van verschillende bewustzijnstoestanden waarin een zelf meer of minder helder functioneert, en dergelijke. Het is bijvoorbeeld bekend dat mensen een ruimer bewustzijn kunnen ervaren tijdens een periode waarin zij medisch beschouwd klinisch dood waren. Het gaat hierbij echter wel steeds om hun *eigen* bewustzijn en niet om het bewustzijn van een hypothetisch hoger zelf. Hoe zouden ze dergelijke ervaringen immers kunnen hebben ondergaan wanneer zijzelf niet het subject van die ervaringen waren?

Zelf en persoonlijkheid
Zoals we reeds hebben gezien, heeft een substantieel zelf subjectieve ervaringen en een psychologische structuur die daarmee samenhangt. De concrete psychologische structuur noemt men in de psychologie doorgaans persoonlijkheid, een redelijk stabiel blijvend patroon van onder andere gevoelens, neigingen, talenten, zwakheden, verlangens, attitudes, verwachtingen,

herinneringen en opvattingen. Een bekend misverstand dat samenhangt met het noëtisch monisme van de Advaita Vedanta en vergelijkbare stromingen, is nu dat we onze persoonlijkheid *zijn*. Dit is in het licht van het personalistisch substantialisme incorrect. We leven vanuit onze persoonlijkheid, maar deze persoonlijkheid is wel dynamisch. Dit maakt het bijvoorbeeld mogelijk dat een en hetzelfde subject zich psychologisch enorm ontwikkelt in de loop van een leven of levens. Het is niet nodig dat de persoonlijkheid altijd exact hetzelfde blijft om te mogen spreken van hetzelfde alledaagse zelf.

Ook het bestaan van een actieve on(der)bewuste geest, die evenals het subjectieve bewustzijn niet herleidbaar is tot het brein, is volledig verenigbaar met het personalistische substantie-dualisme. Dit geldt uiteraard eveneens voor merkwaardige fenomenen zoals meervoudige persoonlijkheid[200].

Rest mij hier slechts nog een opmerking over het persoonlijke geheugen. Zoals ik elders heb pogen aan te tonen, zijn in het geheugen opgeslagen concepten rond subjectieve ervaringen, waarin de unieke kenmerken van die ervaringen geregistreerd zijn, niet herleidbaar tot fysieke patronen in de hersenen. Ze bevatten namelijk informatie over niet-fysieke, kwalitatieve fenomenen die niet uitputtend kunnen worden weergegeven in kwantitatieve representaties. Dit impliceert dat er een psychisch geheugen moet bestaan dat niet voortkomt uit het brein en een wezenlijk onderdeel uitmaakt van de psyche (Zie: Rivas, 2006, vergelijk: Bergson, 1908).

II. Empirische wetenschappen

Zoals gezegd heeft het substantie-dualisme belangrijke implicaties voor diverse wetenschappelijke disciplines. Ik kan de implicaties hier uiteraard alleen aanstippen en beperk me tot de wetenschappen die er automatisch mee te maken krijgen. Volgens een aanzienlijk aantal auteurs zou dualisme ook van belang kunnen zijn voor theorievorming binnen de kwantumfysica (Van der Heijden, 2011), maar dit is controversiëler dan bij de hieronder genoemde wetenschappen[201].

Psychologie en neuropsychologie
De filosofie van de geest biedt mijns inziens expliciet en impliciet het wijsgerige

---

[200] Zie ook: Rivas (2004, 2008).
[201] Substantie-dualisme heeft ook grote gevolgen voor de waardeleer of axiologie, maar dat onderwerp valt buiten de reikwijdte van dit artikel (Rivas, 2012).

kader waarbinnen empirische wetenschappen zoals psychologie en neuropsychologie (Kelly et al., 2007) zich theoretisch dienen te ontwikkelen. Het substantie-dualisme is zoals gezegd van belang voor de perceptiepsychologie om kenmerken van de waarneming te begrijpen zoals *Gestalt* en zintuiglijke qualia. Ook andere takken van de cognitieve psychologie en de functieleer zoals de studie van het zelfbewustzijn, en zelfs de persoonlijkheidsleer en ontwikkelingspsychologie zijn gebaat bij een stevige substantialistische grondslag. In het algemeen geldt dat men de psychologie niet kan herleiden tot de neurologie en dat het zelf een centrale rol speelt in zijn eigen geestesleven.

Overigens voeren hylemorfisten en holistische materialisten nog wel eens aan dat het substantie-dualisme strijdig is met ons alledaagse zelfbeeld als eenheid van lichaam en geest. De psychologie kan hierbij onderzoeken hoe dit inderdaad onjuiste zelfbeeld is ontstaan. Waarschijnlijk speelt hierin een illusie die reeds René Descartes bekend was de hoofdrol. Men ziet kwalitatieve gewaarwordingen aan voor lichamelijke fenomenen in de fysieke zin en identificeert zo de lichaamsbeleving met het fysieke lichaam. Op grond daarvan meent men ten onrechte geestelijk een inherente eenheid te vormen met dat lichaam. Het is interessant om op te merken dat dit 'natuurlijke' lichaam-geest holisme misschien minder vanzelfsprekend is dan aanhangers denken. Het kan voor een groot deel het gevolg zijn van de culturele dominantie van een bepaald mensbeeld, met name in culturen die op een enigszins eenzijdige manier en voornamelijk 'pragmatisch' gericht zijn op de fysieke werkelijkheid. Bovendien is er bewijsmateriaal voor een aangeboren dualisme bij jonge kinderen en kan men als volwassene het (ontologische) lichaam-geest holisme doelbewust bij zichzelf corrigeren.
Hoe dan ook vormt de 'vanzelfsprekendheid' van een bepaald mensbeeld filosofisch beschouwd geen goed argument om dat mensbeeld voorrang te blijven verlenen of zelfs maar serieus te nemen.

Zoals reeds aangestipt, pleit somatogene beïnvloeding van de geest door het brein niet tegen het substantie-dualisme. Een dualistisch kader maakt het juist mogelijk om eindelijk aandacht te besteden aan psychogene invloeden op de hersenen. Onderzoekers zoals Jeffrey Schwartz (2011) en Mario Beauregard (2007, 2008) hebben inmiddels aangetoond hoe groot de impact van de geest op de hersenen kan zijn. Ze hebben experimenten uitgevoerd waaruit blijkt dat mensen in staat zijn neurologische patronen te veranderen, bijvoorbeeld door middel van cognitieve therapie bij een obsessief-compulsieve stoornis of bij de regulering van ongewenste negatieve emoties. Ook het placebo-effect (en zijn tegenhanger het nocebo-effect) is moeilijk inpasbaar in een materialistische theorie, hetgeen overigens zelfs nog door sommige materialisten erkend wordt. Uiteraard hebben dergelijke bevindingen grote betekenis voor de theorievorming rond psychiatrische aandoeningen en de behandeling daarvan.

Er zijn overigens nog extremere 'anomalieën' in de relatie tussen hersenen en geest bekend waar materialistische theorieën al helemaal niet mee uit de voeten kunnen. We hebben het dan bijvoorbeeld over goed gedocumenteerde casussen waarbij iemand slechts een kleine fractie van de neo-cortex (hersenschors) bezit en toch psychologisch 'normaal' functioneert (Lorber, 1983; Rivas, 1993; Smit, 2011). Of over casussen van *terminale luciditeit* waarin bijvoorbeeld mensen die lijden aan een ernstige, vergevorderde vorm van Alzheimer vlak voor hun overlijden opeens weer helder van geest worden en hun geheugen terugkrijgen, terwijl hun brein onherstelbaar beschadigd blijft (Smit, 2011). Of over heldere bijna-doodervaringen tijdens een hartstilstand terwijl de corticale hersenactiviteit stil ligt en de veronderstelde functie ervan niet zomaar overgenomen zou kunnen zijn door activiteit in andere hersengebieden. Men weet dat een bijna-doodervaring plaatsgevonden moet hebben tijdens een vlak EEG wanneer de patiënt, terwijl hij of zij klinisch dood was, buitenzintuiglijk handelingen heeft waargenomen die op dat moment plaatsvonden (Van Lommel, 2010; Rivas & Dirven, 2010).
Dit soort verschijnselen zijn goed te plaatsen indien men uitgaat van een substantiële ziel die interacteert met het brein. Materialisten kunnen niet veel meer doen dan ze te negeren, belachelijk te maken of te verzwijgen.

Dierpsychologie
Binnen het wereldbeeld van René Descartes, de bekendste westerse moderne substantie-dualist, waren van de aardse wezens alleen individuele mensen substantiële zielen. Alle andere dieren waren voor Descartes niet eens substanties in de aristotelische zin, maar slechts een soort natuurlijke machines zonder geest. Helaas heeft deze bizarre filosofie funeste gevolgen gehad voor de wetenschappelijke visie op dieren. Zelfs in de 21ste eeuw is het voor veel geleerden nog steeds een groot taboe om het te hebben over bewustzijn bij dieren. Op zich is deze houding inmiddels heel vreemd geworden, als we uitgaan van de evolutieleer. Het ligt niet voor de hand dat alleen mensen subjectieve ervaringen ondergaan wanneer de mens afstamt van andere diersoorten. Maar ook los daarvan is het uiterst merkwaardig om zomaar te stellen dat dieren geen enkele vorm van subjectieve beleving kennen, terwijl ze qua zintuigen,

zenuwstelsel en gedrag zo sterk overeenkomen met mensen. Boze tongen hebben dan ook beweerd dat Descartes terdege besefte dat zijn visie op dieren absurd was, en haar vooral aanhing omdat dit morele bezwaren tegen vivisectie zou kunnen wegnemen.

Het is rationaal beschouwd zo onwaarschijnlijk dat dieren géén subjectieve ervaringen ondergaan, dat we moeten concluderen dat ook zij, net als mensen, substantiële zielen zijn. Ik ben me ervan bewust dat vooral westerlingen deze conclusie proberen te vermijden door wat dieren betreft terug te grijpen op een aristotelische visie, terwijl ze substantie-dualisten kunnen zijn wanneer het om mensen gaat. Dit is minstens heel vergezocht, en sinds de formulering van het 'hard problem' dient men te beseffen dat de unieke kenmerken van subjectieve ervaringen ook bij dieren alleen bevredigend verklaard kunnen worden binnen een vorm van substantialisme. Ook dieren (met subjectieve ervaringen[202]) zijn dus substantiële, individuele zelven (Francione, 2008) en verschillen hierin niet wezenlijk van mensen. Het zijn daarmee ook psychologische en niet slechts biologische wezens (Rivas, 2011a).

Paranormale en spirituele ervaringen

Het personalistische substantie-dualisme is uiteraard ook heel relevant voor de parapsychologie. Bijna alle paranormale verschijnselen passen uitstekend in het ontologische kader van het substantie-dualisme. Telepathie van individuele geest tot individuele geest is bijvoorbeeld goed op te vatten als een vorm van directe interactie tussen twee substantiële zielen.

De vruchtbaarheid van het personalistisch substantie-dualisme voor de parapsychologie geldt in het bijzonder voor uittredingen uit het stoffelijke lichaam, persoonlijke preëxistentie (Rawat & Rivas, 2005), een persoonlijk voortbestaan (Rivas, 2011b), persoonlijke reïncarnatie (Stevenson, 1987, 1997; Rivas, 2005; Tucker, 2006) en een persoonlijke evolutie over verschillende aardse levens heen (Rivas & Dirven, 2010). De ontologie van een persoonlijke substantiële ziel maakt het mogelijk al dit soort fenomenen serieus te nemen en te kijken hoeveel empirische aanwijzingen ervoor bestaan (Tart, 2009, Rivas & Dirven, 2010). Net als in het geval van neurologische anomalieën met een dualistische achtergrond, rest de materialistische orthodoxie niet veel meer dan het negeren, verzwijgen of ridiculiseren van al het relevante bewijsmateriaal.

Personalistisch substantie-dualisme maakt het tot slot ook nog mogelijk om ervaringen met individuele hogere wezens serieus te nemen zonder ze bij

---

[202] In theorie zouden er bijvoorbeeld bepaalde plant-achtige diersoorten zoals sponzen kunnen bestaan waarvan de leden geen subjectieve ervaringen ondergaan.

voorbaat toe te schrijven aan onbewuste processen van de ervaarder (Rivas, 2010; Rivas & Dirven, 2010).

Literatuur

– Beauregard, M. (2007). Mind Does Really Matter: Evidence from neuroimaging studies of emotional self-regulation, psychotherapy, and placebo effect. *Progress in Neurobiology, 81,* 4, 218-236.
– Beauregard, M., & O'Leary, D. (2008). *Het spirituele brein: bewijzen voor het bestaan van de ziel.* Kampen: Ten Have.
– Bergson, H. (1908). *Matière et mémoire.* Parijs: Félix Alcan.
– Beloff, J. (1964). *The Existence of Mind.* Citadell Press.
– Bolzano, B. (1970). *Athanasia oder Gründe Für die Unsterblichkeit der Seele* (ongewijzigde herdruk). Frankfurt am Main.
– Chalmers, D. (1996). *The Conscious Mind: In Search of a Fundamental Theory.* Oxford University Press.
– Charon, J-E. (1977). *L'Esprit, cet Inconnu.* Paris: Albin Michel.
– Dennett, D.C. (1995). *Het bewustzijn verklaard.* Amsterdam: Uitgeverij Contact.
– Descartes, R. *Discours de la méthode.* (Heruitgave van boek uit 1637).
– Dongen, H. van, & Gerding, H. (1993). *Het voertuig van de ziel.* Deventer: Ankh-Hermes.
– Dongen, H. van, Gerding, H., & Sneller, R. (2011). *Wilde beesten in de filosofische woestijn.* Kampen: Ten Have.
– Foster, J. (1991). *The Immaterial Self.* Routledge.
– Francione, G.L. (2008). *Animals as Persons.* Columbia University Press.
– Gerritsma, T., & Rivas, T. (2007). *Gek genoeg gewoon: een andere visie op stemmen horen en beelden zien.* Deventer: Ankh-Hermes.
– Goetz, S., & Taliaferro, Ch. (2011). *A Brief History of the Soul.* Wiley Blackwell.
– Hasker, W. (1999). *The Emergent Self.* Cornell University Press.
– Heijden, J. van der (2011). Het gelijk van Descartes: De herontdekking van de ziel. *Terugkeer, 22(2),* 22-25.
– Kelly, E., Kelly Williams, E., Crabtree, A., Gauld, A., & Greyson, B. (2007). *Irreducible Mind: Toward a Psychology for the 21st century.* Rowman & Littlefield.
– Lommel, P. van (2010). *Consciousness Beyond Life.* Harpercollins Publishers.
– Lorber, J. (1983). Is Your Brain Really Necessary? In: D. Voth (Ed.) *Hydrocephalus im frühen Kindesalter: Fortschritte der Grundlagenforschung, Diagnostik und Therapie.* Stuttgart: Enke Verlag.

– Lund, D.H. (2005). *The Conscious Self: The Immaterial Center of Subjective States*. Humanity Books.

– Nagel, Th. (1979). *Mortal Questions*. Cambridge University Press.

– Popper, K.R. & Eccles, J.C. (1984). *The Self and Its Brain*. Taylor & Francis Ltd.

– Rawat, K.S. & Rivas, T. (2005). The Life Beyond. *The Journal of Religion and Psychical Research, 28*, 3, 126-136.

– Rivas, T. (1993). De mysterieuze relatie tussen hersenen en geest. *Prana, 78*, 69-74.

– Rivas, T. (2004). Neuropsychology and Personalist Dualism: A Few Remarks, zie: http://www.newdualism.org/papers/T.Rivas/Dualismlives.htm.

– Rivas, T. (2005). Rebirth and Personal identity: Is Reincarnation an Intrinsically Impersonal Concept? *The Journal of Religion and Psychical Research, 28*, 4, 226-233

– Rivas, T. (2006). Metasubjective Cognition Beyond the Brain: Subjective awareness and the location of concepts of consciousness. *The Journal of Non-Locality and Remote Mental Interaction* (online tijdschrift).

– Rivas, T. (2008a). Een gesprek met TG over de man met het gebit. *Terugkeer, 19*, 3, 12-20.

– Rivas, T. (2008b). Creëert callostomie alleen een gespleten brein of ook een gespleten ziel? *Reflectie 5(3)*,14-16.

– Rivas, T. (2010). Hoe persoonlijk een relatie met (een) God kan zijn: een 'verkenningsrondje' langs de wereldgodsdiensten. *Koorddanser, 22*, 278, 7.

– Rivas, T. (2011a). De onvermoede rijkdom van de dierlijke psyche. *Prana, 185*, 10-18.

– Rivas, T. (2011b). *Filosofische grondslagen van parapsychologisch onderzoek naar leven na de dood*. Athanasia Producties/Lulu.com

– Rivas, T. (2012). *Geesten met of zonder lichaam* (derde druk). Athanasia Producties/Lulu.com.

– Rivas, T., & Dirven, A. (2010). *Van en naar het Licht*. Leeuwarden: Elikser.

– Rivas, T., & Dongen, H. van (2003) 'Exit epiphenomenalism: the demolition of a refuge.' *The Journal of Non-Locality and Remote Mental Interactions, II*, 1.

– Robinson, H. (2009). *Matter and sense: A critique of contemporary materialism*. Cambridge University Press.

– Schwartz, J.H. (2011). *You are not your brain*. Avery.

– Searle, J.R. (1983). *Intentionality: An essay in the philosophy of mind*. Cambridge University Press, Cambridge.

– Searle, J.R. (1997). *The Mystery of Consciousness*. Londen: Granta Books.

– Sheldrake, R. (1995). *A New Science of Life*. Park Street Press.

– Smit, R. (2011). Waar prof. Swaab tekort schiet. *Terugkeer, 22(3)*, 18-21.
– Stevenson, I. (1987). *Children Who Remember Previous Lives*. Charlottesville: University press of Virginia.
– Stevenson, I. (1997). *Reincarnation and Biology*. London/Westport: Praeger.
– Tart, Ch.T. (2009). *The End of Materialism*. New Harbinger Publications.
– Tucker, J.B. (2006). *Mama, vroeger was ik... De herinneringen van kinderen aan vorige levens*. Utrecht: Bruna.
– http://www.newdualism.org/online-articles.htm

Artikel oorspronkelijk geschreven voor *Prana*, en daarin in twee delen gesplitst onder redactie van dr. Hein van Dongen, in de nummers 190 (april/mei 2012, blz. 53-63) en 191 (juni/juli 2012, blz. 81-85), onder de titels "Het lichaam-geest dualisme is niet achterhaald" en "Het Zelf en de realiteit van de geest".

Over de auteur

Drs. Titus Rivas (1964) studeerde systematische wijsbegeerte aan de Universiteit van Amsterdam en theoretische psychologie aan de Universiteit van Utrecht. Hij is onder andere verbonden aan stichting Athanasia en stichting Merkawah. Rivas schreef eerder tientallen artikelen en recensies over de filosofie van de geest vanuit een substantie-dualistisch perspectief.

Voor een overzicht van zijn geschriften op dit gebied, zie: http://www.txtxs.nl/artikel.asp?artid=445

In 2011 verscheen zijn boek *Filosofische grondslagen van parapsychologisch onderzoek naar leven na de dood*, eveneens bij Lulu.com.

De auteur woont samen met zijn hond Moortje en katten Cica en Guusje in zijn geboortestad Nijmegen. Men kan hem bereiken via titusrivas@hotmail.com.

Op de foto op de volgende pagina zien we de auteur begin februari 2012 samen met zijn hond Moortje, met op de achtergrond een boekenkast vol wijsgerige literatuur.